U0033075

看懂，然後知輕重

「互聯網＋」的10堂必修課

黃俊堯　著

前言　重新想像互聯網

　　跟坊間大多數教人如何「做」的商業書籍不同，這是本討論怎麼「看」的書。

　　看什麼？看商業情境裡的互聯網。

　　之所以會寫這本書，主因從近年與業界人士的一些教學、互動經驗，以及作為一個研究者的局外觀察中，感受到國內企業界對於數位變局、機會、挑戰的相對無感。當然，也有少數企業的掌舵者，已看到也看懂了變化的端倪，不太張揚地屯糧練兵，厚積武功，為下一個三、五十年走出台灣的想像而進行準備。但國內多數企業目前的數位布局動作，究其實，是見樹不見林的應景敷衍。

台灣的潛在危機：數位空洞

　　這類敷衍，主要因為大家尚未感受到急迫的壓力，因此無意費神從永續經營的策略高度，掌握數位變局。然而，在全球化、

開放化的競爭環境裡，應景敷衍的數位局面，其實是很危險的。

「台灣過去以硬體製造業起家，創業精神從未落後世界，但在移動網路時代，還需要更多刺激。」

—— 中國獵豹移動創辦人傅盛

「台灣B2B出口商的電商意識，不如中國大陸，落差已達三到五年。」

—— 阿里巴巴台灣分公司總經理傅紀清

「起得大早，趕個晚集。」

—— 馬雲調侃台灣的網路產業發展

這些年，中國發跡於互聯網的35至50歲一代企業家相繼來台交流。早些時候，他們或許還存心探探虛實；然而，虛實已明的這兩年，除了充當青年導師、吃吃台灣豆腐外，巨鱷們早已屢屢在談笑之間，用殊途同歸的說法指出台灣的「數位空洞」。比較麻煩的是，場子裡同席在座的各業人士，陪笑之餘，卻沒太多人切身感覺到這件事的嚴重性。

　　沒能感覺到嚴重性，主要是因為沒看到或沒看懂數位大局。看懂了，知輕重。

　　在這樣的背景下寫這本書，試圖根據過去與業界相關的教學、互動經驗，把業界通常欠缺、但未來必須掌握的若干關鍵性數位林相和生態變遷邏輯（而非單棵樹的枝節），稍有系統地整理出來。但願這書能對國內各業的讀者，起一些導覽、提醒的作用。

想像力比技術更重要的「數位槓桿」

　　顧名思義，數位槓桿是透過數位工具，舉重若輕地達到過去很費事，或根本無法做到的效果。數位槓桿變化萬千，應用上主要的限制，通常不在技術，而在想像力。

　　既然這麼說了，作為一本有點開創、導覽意義的書，也不好光說不練。因此，和一般商業書籍不同，本書除了文字、圖表外，書頁間還有數十個二維碼（QR codes）；每一個二維碼所連結的，可能是一段YouTube上的短片，可能是一個網站的首頁，也可能是一篇背景文章。無論連結目標的型態為何，它們都與書中文

字所敘述的概念或案例有關。這樣的設計，方便貫穿紙本與數位內容，希望能提供些「擴充閱讀」的經驗，讓文字敘述有機會更立體化地呈現。建議讀者若有時間，不妨放慢步調，遇到有興趣的段落，拿起手機或平板掃一下二維碼，穿梭於書頁與數位內容之間，取得更鮮活深刻的資訊。

　　每一個二維碼，都是寫書過程中直接製作插入的。從一個網址字串到一組二維碼的製作過程，其實只要三、五秒，沒有任何技術門檻（有興趣的話，請自行上網搜尋一下怎麼做）。就如數位空間裡許多情境一樣，工具、技術其實早非障礙，最大的障礙還是在：看懂。

　　看懂了，才知道各種工具、技術的用處與限制。看懂了，眼下的世界、可行動的維度，就跟著大不同了。

誌謝

　　這本書的上市，首先感謝圓神出版機構參與這本書的朋友們的大力協助。圓神員工週休三日，但無論企畫、編務、行銷，各環節的操作皆專業到位；證明了把人才當人才而非奴才用，會結

良性循環的善果。這方面值得許多老闆們參考、借鑒。

　　感謝先後待過的元智管理學院、清大科管學院和台大管理學院，在個人不同生涯階段，諸師友所給予的支持、包容與自由發展空間。打算寫這本書之前，蒙元大文教基金會與研華文教基金會挹注部分相關資料的蒐集，謹此一併誌謝。

　　老同學國華在出版過程中的指點與引介、老同學肇峰與宇明在上世紀撥接上網的年代裡帶我初觸網路、老友禎舜幾年前替我開了扇初識中國互聯網的落地窗，都是本書所以能成形的遠近助力；這兒要謝謝他們。

　　感謝父母。感謝內子士瑜的無怨支持。也感謝一雙可愛兒女的陪伴——但願這本小書對於他們那個世代即將面對、承接的本土產業環境，能起些微催化改變的作用。

Contents

第一堂課：偶然與必然

在數位浪潮推波助瀾下，
商業模式的「保鮮期」只會愈來愈短，
看懂全局，隨時應變，才可能站穩浪頭。

第二堂課：時、勢、人

唯變不變的數位大局裡，
我們常陷溺於各自熟悉的小世界。
放寬心眼審時度勢，
才不會被新經濟裡的新邏輯淘汰。

第三堂課：平台、平台

Google 如何稱霸數位世界？
靠著十多年前的單一搜尋引擎，
逐步經營旗下眾多平台，
形成至今無人能匹敵的數位生態圈。

第四堂課：撐起數位行銷溝通槓桿

小米如何運用低成本、高報酬的數位行銷溝通槓桿？
小米創辦人雷軍的互聯網七字訣：
「專注、極致、口碑、快」。

第五堂課：SoLoMo 新世界

當愈來愈多人使用智慧型手機上網搜尋，
流量甚至超越個人電腦用戶端時，
數位商戰就成了線上社交與行動 app 的天下。

第六堂課： 電商面面觀

要看懂數位經濟，
必須抗拒人性對於「確定感」的偏好，
接受「變」的常態，
理解不斷實驗的必要性與必然性。

第七堂課：看懂O2O

隨著網上訂購迅速成長，
電子商務將取代傳統零售？
傳統企業該如何因應？
O2O將是能創造雙贏的核心關鍵。

第八堂課：數據與大數據

大數據說的是實話還是神話？
大數據還原了部分的數位場景，
給出了前所未有的洞見，
然而，消費者的動態，卻是永遠也猜不準的。

第九堂課:「互聯網+」:觸電的N+1種可能

到陌生人家享用美食?

把房子租給冰島人?盲人可以開車?教育不用花錢?

這並非未來世界想像圖,

它已經發生,而且正全面席捲而來。

第十堂課：看懂，然後知輕重

台灣的數位空洞，究其實，
是「看不見、看不起、看不懂、跟不上」數位發展大局，
缺乏對於未來局面的想像，
導致另一型的競爭力危機。

第一堂課

偶然與必然

在數位浪潮推波助瀾下，
商業模式的「保鮮期」只會愈來愈短，
看懂全局，隨時應變，才可能站穩浪頭。

歷史的偶然：獲利的浪頭

2001年春天，台灣幾家大唱片公司所組成的基金會，向檢察單位檢舉當時氾濫的MP3檔案涉及侵權。接受檢舉的檢方，進到台南成功大學學生宿舍大舉搜尋，扣押一批硬碟裡滿是MP3檔案音樂的電腦，將一批學生列為犯罪嫌疑人。雖然作為檢舉人的基金會，在學生登報道歉後同意撤告，但一時之間殺雞儆猴的寒蟬效應，讓那時流行的P2P音樂檔案分享行為一時收斂。基金會背後的唱片業者，當時都把這事當作是打擊網路侵權的一次勝利。

2014年夏天，一本傳統上頗有分量的雜誌，面對讀者數目不斷下跌的窘境，大張旗鼓地進行「讀者研究」。透過問卷和焦點訪談，想弄清楚讀者到底想在每月發行的紙本雜誌上看到什麼樣的內容、會被什麼樣的封面所吸引。從社長、主編到行銷企畫、美工人員，無不關注著結論，準備好好設計未來的內容和封面以贏取讀者的目光。

這兩件看來不相干的事，有任何共通處嗎？

有的。

第一，這裡提的唱片公司和雜誌社，都曾靠著它們竭力守

衛、精進的商業模式（也就是「唱片」和「雜誌」），賺過好幾桶金。

第二，在既成商業領域中，它們都相信自己正循行業裡的行事標準，主觀上「盡善良管理人之注意義務」，替股東最大化未來利潤。

第三，在排山倒海而來的互聯網浪潮中，它們跟隨著行業慣性，把精力和資源投注在終究無關大局的瑣事上。

第四，把時間拉長來看，事主們都因為違於時、盲於勢，扮演著對抗互聯網巨輪的唐吉軻德；客觀上並沒有「盡善良管理人之注意義務」，反而一再蹉跎踐踏股東原來可能享受到的獲利機會。

唱片，是針對大眾音樂娛樂需求，於二十世紀迸現的音樂消費模式。它是歷史的偶然，沒人規定想聽音樂非得放唱片不可。當愈來愈多消費者透過數位環境裡的其他媒介模式，可以更方便地聽音樂，唱片很自然地就會被多數人踢到角落去。唱片業想憑藉法律或技術阻擋數位浪潮，終究證明是徒勞。

雜誌，在西方自十八世紀起，兩、三百年間滿足了社會各個分眾市場的資訊需求。歷史雖久遠，但它仍是傳播史發展過程中的一段偶然。當傳統讀者透過數位環境裡的其他媒介模式，可以

更方便地獲取有興趣的訊息，紙本雜誌很自然地就被邊陲化。無論如何優化雜誌內容，相對於互聯網上各色內容的眾聲喧嘩，都再難濟事。

　　唱片公司和雜誌社的例子，說明各業習慣把自己綁縛在美好的過去，儘管曾經獲利，卻沒看清只是歷史浪潮裡的某個浪頭。太過緬懷歷史的偶然，拙於面對各種變局，忽略「變」才是歷史的常態。歷史是無情的，錯把歷史的偶然當作必然，就容易嘗到歷史的殘酷。

　　馬雲曾對商業領域裡不勝枚舉的類似事象，做出了簡潔而貼切的歸納：「很多人輸就輸在：對於新興事物，第一看不見，第二看不起，第三看不懂，第四跟不上。很多人走過的路就是這樣的。」這段話算是商業史上不斷出現的，將歷史的偶然誤認為是歷史的必然，而盲於新生現實的註解。

　　然而，順著這段話說，如果真的看見了、在乎了、搞懂了、也跟上了，就強而不敗了嗎？

　　不盡然。底下這兩個例子，你一定熟悉。

　　柯達，1880年創立，幾年後便以「你只要負責按鈕，其他交給柯達」的訴求，在大眾化的攝影市場生根茁壯。二次世界大戰後的很多年裡，柯達常入選世界十大品牌。就營收和利潤而言，

馬雲相關說法的出處：
〈馬雲王健林豪賭一億背後對話〉

1990年代後半段是最飛黃騰達的時期。然而進入二十一世紀，柯達便走向陡峭的下坡路，2012年在紐約州法庭聲請破產保護。

諾基亞，同樣是十九世紀創設的企業集團，於二次戰後進入資通市場，1990年代後半起推出一系列廣受市場歡迎的多功能手機（feature phone）。在二十一世紀的頭幾年裡，是全球手機市占率第一名，隨伴的飛騰股價，成為當時全球市值最高企業之一。然而，接下來的幾年裡，開始急速下溜。很快地，從一代手機之王的寶座滑落，手機部門被微軟收購，最終手機品牌於2014年10月成為歷史。

很多人都用過柯達和諾基亞的產品，也都理解這兩個曾經輝煌的品牌，分別隨著數位照相技術的普及與智慧手機的流行而殞落。相對來說，比較少人意識到，柯達在1975年即推出數位相機，而且在世紀交替、商用數位相機三十萬畫素蓋頂的那幾年裡，銷售量僅次SONY。同時，在2007年iPhone上市之前，占全球智慧手機市場過半的Symbian作業系統，背後即是諾基亞的贊助支持。

也就是說，當柯達和諾基亞還是市場龍頭的年代裡，並非對於未來的挑戰毫無作為。相反地，他們不只看見、在乎、搞懂，而且還引領了種種後來將他們擊潰的相關技術開發。他們並不是

因如豆的目光、狹隘的視野而敗。

那麼，他們為何而敗？

因為符合人性的企業慣性。

所謂符合人性的企業慣性，直白地說，就是企業組織裡賺錢的部門說話最大聲。不難想像，在他們各自的黃金年代裡，軟片和多功能手機相關事業部門，各自掌握了柯達和諾基亞最多的行銷與研發資源分配，也因此掌握擘畫這兩家企業航道的權力。雖然這兩家企業也有著數位影像或智慧手機一類的先進投入，但這些先進技術的開發比較像是與「本業」無關的私生子，相關部門的話語權勢必有限。

就算看到不遠處有冰山，全速前進的鐵達尼號因為物理慣性，無論如何試圖轉彎，也來不及了。同樣地，柯達和諾基亞，因為始終來自人性的企業慣性，一路向前，看到懸崖時已無迴轉的餘裕。

歸結起來，曾經獲利的企業，可能敗在看不清或看不懂歷史的變局，也可能敗在非常人性的慣性因循。在這樣的意義上，必須提醒決策者，快速推移的互聯網時代，無論新舊業者都容易由於視野或決心的局限，墮入衰退的懸崖。

對於企業組織而言，短期營利來自抓住歷史的偶然，永續

經營則有賴掌握歷史的必然。掌握歷史的必然，需要夠寬廣的眼界，也需要看明事態後義無反顧的決心。

歷史的必然：人類需求的滿足

從商業的角度來看，有兩件事是歷史的必然。

第一個必然，是各種商業行為所發生、指向的人類社會，無論何時，必然有食、衣、住、行、育、樂等方方面面的需求。這些需求，在人類社會中必然存在。

第二個必然，是滿足每一項需求的模式，必然會因技術環境的演進而與時俱變，遷移不居。也就是說，長期而言，需求滿足的方法，必然會改變。

本書所要探討的互聯網時代各種面向，就鑲嵌在上述的兩個必然性裡。首先，食、衣、住、行、育、樂的人性需求必然存在，自由市場中，個人必然透過各種交換來滿足這些需求。其次，隨著數位技術發展的成熟與普及，奠基於類比時代的各種需求滿足模式，必然會一定程度地被數位時代所發展出的新模式所取代。

　　面向顧客的商業活動，本質無非就是市場交換情境裡的價值創造、溝通與遞送。數位時代裡各種既有需求滿足的新模式，之所以能替換掉大家熟悉、倚靠已久的舊模式，就因新模式能創造更多元豐富的價值，隨時隨地進行細致溝通，並且降低遞送成本。簡單說，新模式讓市場交換中的價值創造、溝通與遞送等關鍵活動，透過數位槓桿效果，而能舉重若輕。

　　上個世紀末，Intel的創辦人葛洛夫（Andy Grove）曾預言，五年內所有存活的企業都會是所謂的「互聯網企業」，而無法轉型為互聯網企業則終將從市場上消失。一如許多睿智的預言，葛洛夫在那個還是Web 1.0的時空裡，看對了方向，卻沒說準時間。隨著世紀交替後資本市場裡的互聯網泡沫破滅，大家便慢慢忘了這件事。

　　隔了幾年，有人老調重彈拾起這段子大聲放送時，講的人已不用英語（雖然他英語說得著實溜）而改說中國版本了：「傳統零售行業與互聯網的競爭，說難聽點，就像在機槍面前，太極拳、少林拳是沒有區別的，一槍把你崩了。今天不是來跟大家危言聳聽，大家都是朋友，互聯網對你的摧毀是非常之快的。」——口才辨給的馬雲，2012年時這麼嚇唬著還沒看清局勢變化的企業。再隔兩年，中國烏鎮的第一屆「世界互聯網大會」上，馬

雲演講時開頭便說：「我覺得這個電子商務 E-commerce，以後就是沒有 E 這個字——就是 Commerce，就是商務這個字」。

用時下流行的語彙來說，這個開場白，明確地是向葛洛夫上世紀的預言「致敬」了。

對於萬物，重新想像

談及網路和商業間的關係，不少人直截的聯想（甚或畫上等號）是 90 年代開始被關注的「電子商務」——不外乎就是說說亞馬遜、淘寶，甚至 PChome 一類的故事。多數大專院校，也老早就將電子商務開成一門課。前一陣子，在一個管理學界菁英聚首的會議裡，就聽到「網路啦，電子商務啦，能研究的題目大概都被研究爛了，沒什麼好研究的了」這樣的說法，以及此起彼落的附和。

然而，若能一直貼近觀察網路世界的變化，看法便會有很大的不同。從 90 年代中期起，持續對網路相關發展發表報告的「網路女皇」米克（Mary Meeker），受到多方矚目的 2012 年報告中指出，傳統商業模式在種種數位潮流的推動下，面對日益主流化的

「網路女皇」米克，
2012 年「對於萬物重新想像」的報告

行動平台，要想適應、變形或轉型，就必須「對於萬物，重新想像」。

　　以音樂消費為例，雖然數位音樂下載的風行，不久前才給了以 CD 為主的唱片業致命一擊，而以個人電腦作為主要載具的數位音樂下載消費模式，成長最快的時期是 2005 年左右，其後成長開始趨緩。到了 2013 年，由 iTunes 下載的單曲數量，甚至開始減少。反之，以智慧手機作為主要載具，支付月租享受整個音樂庫服務的串流音樂模式，在西方市場中已逐步取代以 iTunes 為首的數位音樂下載服務。串流音樂服務的主要提供者，包括了新創事業如 Pandora、Spotify、Rdio 和 Deezer，也包括幾家網路大咖，例如 YouTube 的音樂串流訂閱服務 Music Key，亞馬遜的 Prime Music，蘋果藉由收購而提供的 Beats Music，以及微軟的 Xbox Music 等。

　　音樂產業如此，其他產業也正經歷或即將經歷到前所未有的巨變。市場上滿足特定需求、現有企業所擅長的主流營運模式，都是歷史的偶然。在數位浪潮推波助瀾下，一代一代的歷史偶然彼此替代，讓模式的「保鮮期」愈來愈短了。在許多產業裡，要活下去，要活得相對允當，這時首先需要看懂大局、辨明趨勢，而後不拖泥帶水地適應、變形，甚至轉型。

看懂，然後知輕重：「互聯網＋」的10堂必修課

030

重點在模式，誰管十年後 Uber 還在不在

　　2014 年下半，對於在全球各市場裡已火熱了一陣子，且讓各地傳統計程車業者備感威脅的線上叫車平台 Uber 而言，是個多事之秋。在西班牙、荷蘭與泰國等地，計程車業者控訴它的駕駛群缺少營業牌照與適足的保險，導致它被兩國政府禁業。在德國，它曾因「不當競爭」問題接到政府的禁令。在韓國，首爾檢察廳指控 Uber 違反當地公共運輸規範並起訴其執行長。在印度新德里，則傳出 Uber 司機對女乘客性騷擾的案件。

　　Uber 未來會如何發展、能如何發展，沒人說得準。十年後 Uber 是否還在市場上，也沒人能打包票。然而，Uber 所代表的線上媒合私家車空間運載量與乘客需求，可以透過數位平台在許多市場快速複製的這件事，在市場上已驗證完畢。新模式比傳統模式來得有效率、能另創傳統租賃車或計程車所無法創造的新價值，已成定論。無論各地傳統計程車業者如何遊說政府阻擋 Uber 所代表的新商業模式，這樣的新模式，未來勢必將一面不斷變形以適應市場，一面持續壯大成長。重點，真的不在十年後 Uber 這家企業還在不在。重點在於 Uber 所驗證可行的商業模式，一旦出現，因為其進步性，就不可能被根除，反而會不斷演變進化。

　　在接下來的篇幅裡，我們即將一一檢視各種數位槓桿，以及它們帶來的改變。一切商業經營的根本在於顧客；因此我們將首先檢視數位時代的消費者行為，以及行為背後的經濟邏輯變貌。而後，我們將討論各種新商業模式所賴以成局的平台概念。接著，我們將探探數位時代價值溝通的門道；也會討論因智慧型行動裝置普及而生成的SoLoMo潮流。其後，焦點將移轉至電子商務，釐清這個詞彙的狹義與廣義定義。針對廣義的電子商務，我們將涉獵市場上風風火火的各種O2O趨勢與變貌，並且看看各行各業如何在數位潮流中實驗、轉型。接著，我們也將檢視數位時代裡隨顧客經營而生，現今眾人朗朗上口的「大數據」概念的實與虛。

　　書裡我們將討論到的大量案例，東西方兼具，多數生發於2010年到2015年間。跟其他商管領域非常不同的是，中國市場在互聯網各方面的商業應用上，與西方同性質者相比，時間落差並不大，晚近尚且在許多領域形成獨特的模式。此外，中國各經濟領域或者產業範疇中，最為國際化、市場競爭最透明者，就是互聯網相關的領域。無論是為了掌握這個十多億人口大市場的變貌，為了理解以互聯網為核心的各種新興商業模式，抑或是為兩岸未來似不可逆的經濟融合預作準備，我們都有必要如實地掌握

這個市場裡的快速變化。因此，本書中有大量聚焦於中國互聯網市場的案例與討論。

中國在互聯網方面風風火火的商業發展，短短幾年內就讓電商、平台、大數據、O2O等等概念在市場裡醞釀、發酵。在這樣的基礎上，近期其總理李克強巧妙地以「互聯網＋」之名，畫龍點睛地提示下一個階段互聯網商業發展的方向。台灣讀者想要看懂「互聯網＋」，沒有速成的捷徑，還是該正本清源地先掌握互聯網商業應用的各種本質，才可能貼切地理解「互聯網＋」的基本邏輯與多元面向。接下來，就請接受本書的系統性導覽，一同來巡禮吧。

第二堂課

時、勢、人

唯變不變的數位大局裡，
我們常陷溺於各自熟悉的小世界。
放寬心眼審時度勢，
才不會被新經濟裡的新邏輯淘汰。

不同世代的觸網經驗

如果常吃魚的人，因為常吃，就說因此懂得魚類生態，也能搞定水產養殖，旁人聽聞總不免失笑。但是我所接觸過的企業主和資深經理人，面對數位時代的種種現象，卻時有類似邏輯錯置的自信：「因為我用 xxx，也玩 yyy，手機裡裝了 zzx 和 zzy，還不時發 zzzz 和朋友聊天、向下屬交代……所以，互聯網沒什麼難懂的，沒問題。」

事實上，商業面向的互聯網，邏輯真的一點也不複雜難懂，然而重點在於，吃魚和懂魚這兩碼事，並不屬於同一個次元。想看懂互聯網大局，還必須排除兩個「以管窺天」的習慣。第一，別把自己這個世代的經驗投射成普同經驗。第二，別把自己沉浸的個別市場經驗投射成普同經驗。

按照約定成俗的慣例，一個世代大約二十年。二次世界大戰結束後的二十年間所出生的人口，慣例上被叫做嬰兒潮世代。下一個二十年左右（1960 年代中期到 1980 年代中期）出生的，是為 X 世代。再往後的二十年左右（1980 年代中期到 2000 年代中期）出生者，或者被喚作 Y 世代，或者被叫作千禧世代。這三個世代各

自生命史裡的「觸網」（接觸網路）經驗，大相逕庭。

　　以桌機或筆電為主要硬體介面的第一代商用互聯網，隨著90年代初期 Mosaic 圖像瀏覽器的出現，於90年代起的十年裡，在各地理市場先後快速擴散、普及。在這樣的脈絡下，對於嬰兒潮世代的網路使用者而言，第一次「觸網」已經是中年以後的事了。尤其對於中文世界的嬰兒潮世代而言，「觸網」時大半還不會（工作上也無須）中文打字。這群使用者的網路初體驗，常來自家裡下一代或職場上後輩的誘發，從學著開機、關機，試握滑鼠在瀏覽器上以鼠標鍛鍊手眼協調開始。次一波體驗，則由社交媒體上的舊識重逢促動，配合「開心農場」一類的簡單遊戲激勵，讓嬰兒潮世代的不少人，因為線上社交互動而覺得互聯網是個好東西。第三波，則是智慧手機的普及，連結著前一波對於線上社交場景的熟悉，嬰兒潮世代便相對滑順地進入了移動互聯網的世界。

　　對於X世代而言，互聯網則是相對年輕時，在校園裡或初入的職場裡首次接觸到。這個世代在「觸網」前後已大致習得電腦打字，90年代末 2000 年代初也透過互聯網開展了新的音樂消費、社交通訊、網路購物等經驗。對他們而言，互聯網與工作有關，也融入生活。當智慧手機自二十世紀末開始大規模擴散時，這個世

代也就很自然地遷入移動互聯網。

至於Y世代，則從小就跟互聯網一塊兒呼吸，一塊兒成長。互聯網對於這個世代的重要性，應不下於陽光、空氣和水這些基本的「生存要素」。與網路共生共存、一同成長，Y世代重視選擇與表達的自由，喜歡客製化、個人化的事物，習慣網路協作與分享，習慣同時多工，看重速度。對於這個世代而言，食、衣、住、行、育、樂都自然和互聯網有關，結合社群、在地、移動特質的SoLoMo是個自然環境，各種O2O服務也是再自然不過的場景。

與網路的各種應用密不可分、倚賴網路程度與日俱增的Y世代，年齡較長者目前已步入消費力最為旺盛的而立之年。未來的二十年，Y世代將逐漸成為全球消費市場的核心人口。而隨著這樣一個經驗、習慣、思考模式與行事假設都與先前世代大相逕庭的族群重要性日增，全球各個消費市場近年因此發生劇變。

舉例而言，隨著數位通路的發達，消費者對於實體店面的倚賴日益減少，因此1884年創設，在英國超過七百家門市的瑪莎百貨（Marks & Spencer），便宣告自2016年起，不再於英國擴充新店面，而將以自營的電商網站當作新的旗艦店。

英國瑪莎百貨的官網首頁

新經濟、新邏輯

　　數位時代讓一般人生活的各個面向，在短短幾年內發生了
大幅變化。這些變化背後所蘊藏著的，則是新興的經濟與商業邏
輯。以下，我們將一一檢視七項重要的新經濟邏輯：

- ・資訊不再稀有，邊際成本趨於零，免費當道。
- ・無人能有效操控資訊的傳佈。
- ・數位經濟是注意力經濟。
- ・數位經濟是信任經濟，也是共享經濟。
- ・消費者身分多重化。
- ・使用者為王。
- ・唯變不變，產業內涵與定義不斷演化、不斷被破壞。

1. 零邊際成本的免費產品與服務

　　在訊息倚賴口語傳遞的原始社會，社會資訊擁有者，常就
是社會權力的擁有者。詮釋世相、發布資訊的人是權力行使的主
角，而初期傳遞資訊的人則是權力的配角。無論是以古騰堡或是

畢昇為源頭的印刷術，讓資訊可以透過文字，較忠實而大規模地傳遞。但是在過去，由於生產與複製成本的限制，無論以文字或影音為型態，資訊在多數場合裡相對稀缺而昂貴。

數位時代的各種應用，讓人人可輕易產製、遞送形諸文字、影音的各種資訊，而這些資訊的複製邊際成本趨於零。這使得資訊從稀有資源，變成無處不在、唾手可得。此時，網路化生活形態裡的訊息鑲嵌（例如隨時隨地從手機上收到的粉絲頁訊息）逐步取代傳統意義上的媒體選擇行為。對應著零邊際成本，網路相關的商業活動出現了型態各異的各種「免費」模式。

以中國市場的「360免費殺毒」為例，在全中國正版與盜版防毒軟體不到一千萬用戶的2008年問世，因免費特性，推出三個月用戶數即逾億。

2. 資訊要求自由

因為資訊源不再被壟斷、資訊複製成本趨於零，以及因此導致的資訊爆炸，使得傳統上媒體發訊、透過菁英階級（或意見領袖）轉訊、一般人單向接收的所謂「兩階段」傳播模式解釋力日減。與此同時，傳統傳播情境裡的「受眾」，今天已成為到處有

奇虎360創辦人周鴻禕談
「360免費殺毒」之所以免費的邏輯

發言權的「用戶」。用戶所發出的資訊，只要不違法，一旦傳播開來，無人能阻攔；即便事過境遷，也不會被消滅。第四堂課裡我們將看到一個因爲企業服務失當，而讓客訴以影片的方式在網路上流傳，造成上千萬次點閱的例子。因此，與議題設定和訊息擴散息息相關的商業溝通，在此環境中更難以由企業一方所壟斷或掌控。這是現代企業與終端消費者溝通時所需面對的新現實。

3. 注意力經濟

由於數位時代裡資訊無所不在，而又如前所述不再有誰能輕易壟斷訊息的詮釋，因此誰有本事在龐雜無序的眾聲喧嘩中，吸引到目標客群的注意，並持續維繫這份注意力，便成爲新經濟裡的溝通關鍵。過去十年間，數位空間裡生發了一連串以Web 2.0爲統稱、以注意力爲經營主軸的新形態溝通可能性。以「做粉絲、做爆品、做自媒體」見長的小米，就是很好的例子。SoLoMo時代的行銷溝通，背景就是注意力經濟。

4. 信任經濟，也是共享經濟

　　數位環境裡，許多經濟活動發生在參與的雙方或多方互不相識的情境。透過平台機制，數位經濟讓經濟個體間的連結、媒合變得容易，也讓傳統上較難實行的許多共享機制得以落實。共享經濟的經濟意義是閒置資源的活化利用，其社會意義則是以「信任」驅動交易。因此，共享經濟也就是信任經濟，而其中通行的貨幣是聲譽與善意。以此為前提，共享經濟的元素包括：（1）因使用上的閒置而可供共用的實物或服務；（2）主要提供中介服務，但也常提供中介以外附加價值的服務平台；（3）包圍共用場景，或親或疏的人際關係；（4）前述特定人際關係中累積出的信譽；（5）透過信譽所產生的場景相關信任。

　　符合前述各條件，以雙邊平台為基礎的共享經濟事例，多發源於美國。例如提供共享住宿服務的Airbnb和CouchSurfing，共乘服務blablacar，共享戶外花園空間的SharedEarth服務，臨時零工供需媒合的TaskRabbit，共享玩具的Baby Plays、Rent That Toy!與Spark Box Toys等平台，共享各式領帶的Tie Society服務，贈與剩餘物資的freecycle.org平台……等。

　　其中最著名的Airbnb，提供的服務主要連結了交易與社交兩

個元素。更具體地說，透過線上社交資料的交互參照，Airbnb 使得屋主與房客相互信任，進而產生了帶有情感成分的交易。而這樣的情感成分，也讓住宿服務供給與需求的相互滿足，不再完全局限於斤斤計較的盤算裡。

共享經濟＋信任經濟：
台灣大學創業團隊所設的 Carpo 服務官網首頁

共享經濟＋信任經濟：
TaskRabbit 服務介紹短片

共享經濟＋信任經濟：
SharedEarth 介紹短片

5. 消費者身分多重化

　　傳統意義下，「消費」與「生產」是明確區隔的兩種經濟活動；生產者提供價值給消費者，消費者支付對稱的價格使生產者營利。但是在數位時代，消費者常常也扮演資訊生產（如部落格或微博發文）甚或生產材料供應（如眾籌平台上的新產品開發項目贊助）的角色。因此，出現了 prosumer 的字眼，指涉數位時代裡的網路使用者，結合了「生產」與「消費」雙元角色。

　　此外，prosumer 還常在商業活動的價值創造與消費外，另外擔當價值倡議者或價值附和者的角色。這就是阿里集團近年常提的 C2B（consumer to business，消費者到廠商）的概念。在這樣的概念下，有相同需求的顧客很方便地先透過互聯網進行聚合，然後由品牌提供客製商品或服務。例如「天貓預售」，採取賣得愈多愈便宜，此外先支付訂金，單量確定後取貨再支付尾款的經營模式。

6. 使用者為王

前面所提及的各項新經濟特性，再再都影響、改寫了企業獨大、消費者弱勢的傳統對比圖像。以前都說「通路為王」，但數位時代裡消費者得到的網路賦權（empowerment），讓很多商業場域裡「使用者為王」不僅是個堂皇的口號，而且還必須是事實。

使用者為王的時勢所趨，首先讓企業必須追逐消費者的習慣變遷，快速調整價值傳遞方法。譬如，因為意識到移動終端成為信用支付主流載體的可能性，中國的招商銀行近年來從「水泥＋鼠標」的第一代互聯網服務（亦即傳統行業開始觸網的狀態），邁向「水泥＋鼠標＋拇指」的移動互聯網服務模式。以app為基礎，同樣具備LBS（移動定位服務）及語音功能的微信平台作為移動服務站，正往成為「指尖上的銀行」首選而努力，透過不斷推出各種移動互聯網時代的服務嘗試，亦步亦趨地緊貼著新一代客戶的行為習慣。

其次，使用者為王，也意味著不斷優化使用者體驗，以競逐使用者青睞的大勢。而使用者體驗這件事，又需要極為細致而充滿同理心的觀察與驗證。舉例來說，其他條件不變，行動設備和PC端相較，哪一種載具更易讓使用者「分享」訊息？答案是行動

設備。因為分享鍵在行動端螢幕上所占的相對位置較大，較容易被發現、按取。透過諸如此類的反覆觀察、驗證，市場上不斷出現新的貼心服務。

其三，使用者為王的概念，配合數位平台的設置，也讓細分的市場區隔經營在獨特價值的創發下得以落實。譬如一般的招聘網站之外，美國的 Glassdoor 和中國的「看準網」，擅長「曝工資」這回事。中國的新創線上旅遊服務「麥田親子遊俱樂部」，則實驗性地對準3到14歲孩子的家庭，利用以目的地點與會員需求定義的微信群來進行溝通。

其四，使用者為王的必要性，誘導既有產業改變經營型態。舉例來說，傳統上有規模的零售業，經營重點常放在營運、物流、倉儲、折扣等項目；然而數位時代的潮流，是結合零售（retail）與娛樂（entertainment）的新形態「娛樂化零售」（retainment）體驗。這種零售經營趨勢，著重於整合實體與數位空間裡的SoLoMo元素，虛實整合地提供隨時隨地的體驗服務。

招聘網站：看準網

獨特的使用者體驗

　　2013年問世的「美柚女生助手」，開始時主要提供女性進行經期預測。開發管理團隊相當注重使用者體驗，標榜產品的可愛與好用，強調粉色系的介面視覺設計和兩次點擊完成任務的使用便利。隨著用戶數的增加，功能也擴展到以社交為主軸的「她她圈」，論壇話題圍繞著懷孕乃至美甲等女性關注的重點，且嚴格執行不讓男性參與線上討論的規則。在這樣安心、便利、親近的服務提供下，美柚鎖定12歲到50歲的女性，經營「她經濟」。

7. 唯變不變

　　商業社會裡的歷史必然是「變」。這樣的必然性，在數位時代裡因為前述的各種新經濟邏輯，例證尤其鮮明，衝擊尤其強烈。對於面向一般人的各個行業，無論是零售、金融、娛樂、醫療、教育等各環，過去幾年與可預見的未來幾年間，依照環境的差異，或者經歷翻天覆地打破重組的巨變，或者至少也面對原生於網路、破壞式創新的嚴峻挑戰。

　　以零售金融為例，在著名暢銷書《Bank 3.0》裡，管理顧問

金恩（Brett King）把互聯網出現之後的銀行型態，畫分為四個階段。在第一個階段裡，網路銀行作為一種新的通路而出現，線上社群也開始蓬勃發展，這些變化都讓顧客取得更多元的選擇，以及更加自主的控制權。第二個階段是行動階段，以即時即地、無所不在的行動終端（如：智慧型手機）為表徵。在第三個階段裡，行動終端進一步取得完善的行動支付功能，顧客靠行動裝置即可完成絕大多數的傳統銀行交易，基本上已不太有使用實體銀行的必要。這個狀態繼續演化下去，未來進到金恩所預測的第四階段，則「銀行」這個詞彙不再指涉一個場所，因為顧客已經不再需要實體銀行，而是一種「不用到銀行，隨時能理財」的多元行為。

依照這樣的推論，互聯網對於現有金融業的長期影響，就是「去銀行化」。如果信服這樣的邏輯，則傳統銀行業者在被消滅之前的自救之道，就是捨棄幾百年來因為地理因素而採取的分行型態組織設計，徹底改為利用科技增益顧客體驗、提高價值的顧客導向多通路服務。

《Bank 3.0》作者金恩的現身說法影片

世界到底平不平？

幾年前《紐約時報》記者所寫的全球暢銷書《世界是平的》，主張全球化與數位化的世界裡，傳統地理的疆域與限制已基本消失。然而，在互聯網的世界裡，世界果真是平的嗎？事實上，如果以全球網路使用者造訪各網站的群聚狀況為焦點，來探索國家間網路使用者造訪目的網站共通性與異質性，仍將發現文化、人口、地理距離、經濟發展程度等變數，都顯著地決定兩國人民慣常造訪網站交集的大小。

那麼，如果把觀察的焦點從國家縮小到個人，景況又如何呢？只要想想你今天或這星期內所上過的網站、社交媒體上互動過的朋友、手機上打開過的 apps，你應會理解到，雖然網路世界本質上無遠弗屆、無限寬廣，但做為網路使用者的你我，線上的種種活動仍局限在一個熟悉慣用的「小世界」裡。一般的網路使用者，因為慣性與惰性，不論在傳統桌機、筆電，還是在行動終端上，其實鮮少跨越各自那堵隱形的牆而出走。

在這樣的理解下，全球化環境中常聽到的「世界是平的」一類說法，無論以國家為單位或以使用者為焦點，都無法體切描繪

網民實際的線上資訊行為。這個世界，概念上可以是平的，但現實上並不是。

萬山不許一溪奔

雖然如此，依附著數位環境的商業力量，仍在自利的動機下，多方嘗試推倒類比時代由地理限制或產業疆域所形成的藩籬。

在突破傳統地理限制方面，阿里集團的「下鄉」就是鮮明的例子。譬如主要在中國一、二線城市引爆快速成長的支付寶和支付寶錢包業務，在都會地區成長趨緩後，開始往較邊陲的地理區域拓展。到了2014年，支付寶和支付寶錢包的新增用戶，三、四線城市的占比已高於一、二線城市。而阿里集團出城入鄉的地理拓展更具體的例子，是2014年淘寶從總部所在的浙江省開始，所展開的「千縣萬村」計畫。

淘寶下鄉計畫：桐廬縣的洪林妹

浙江省桐廬縣山佘族鄉龍峰村，距離縣城有三十多公里距離。2014年，這個村裡的一家副食店，設了「龍峰淘寶服務站」，負責人是副食店的店主，叫洪林妹。經過簡單訓練，洪林妹透過淘寶所提供的上網硬體設備，讓沒碰過網購，甚至沒上過網路的村民，在她協助下於螢幕上選貨，並透過她的帳戶下單，由她先墊付貨款。貨到驗明後，滿意的村民再付款給洪林妹。服務站在年底的「雙十一」當天開張，首日成交兩百多單，全額3萬多元。這其中包括71歲沒上過網的婦女葉開秀。她花了99元，買了「雙十一」特價的皮鞋。

2014年桐廬縣內類似的農村淘寶服務站已達19個，淘寶甚且計畫到2015年雙十一之前，在桐廬縣內建成200個類似的服務站。往美處想，這類服務站作為偏鄉新一代零售據點，一方面可能吸引外流青年回鄉擔當負責人，一方面未來甚至可能經營反向電商，在各據點扮演農產品運銷的要角。

　　至於傳統上由既有業者合謀維護的產業疆域概念，此時則遭遇一陣陣數位衝擊波。當經營者遇到破壞性創新時，已在固定產業疆域內以既有模式營利的原有業者，基本上的回應多是訴諸科技或法律，試圖阻擋數位衝擊波，維繫既有模式在市場上的壟斷經營權利。同時，每當遇到新舊衝突，公部門常依循原有經營模式所制定的法律、規範，站在舊業者的一方。撰寫這本書的時候，台灣市場裡的新舊勢力，正在爲第三方支付的立法而角力。整個的背景與歷程，約莫便可如此解釋。

　　又譬如交通部觀光局，2014 年夏天找蔡依林代言，大張旗鼓地訴求「打非法旅宿，抗日租套房」，替傳統旅館業者攔阻如 Airbnb 一類共享經濟服務所帶來的房客流失挑戰。然而，閒置資源的共享，在新經濟裡本是再自然不過的邏輯。當下舊思維依權靠勢地強硬阻攔新生商業模式，短期內或可收一時之效；長期而言，則難以抵擋效率更佳的新模式遍地開花。

閒置資源的共享邏輯

談到新經濟裡共享邏輯，不得不提相當熱門的線上平台Airbnb。

Airbnb源自兩個舊金山設計師架了簡單網站想當二手房東。第一回，透過舊金山一次大型會展房源短缺的機會，這網站接到生意，嘗到甜頭。這也讓他們初期鎖定全美各大城市的會展商機，拓展小網站的業務。當Airbnb進一步尋求成長機會時，靠著不太艱深但頗為繁瑣的技術活，「駭」進美國很重要的租房平台Craigslist。這裡的「駭」，倒不是傳統意義地駭進伺服器作怪，而是靠技術活吃市場老大的豆腐：Airbnb宣布，房東只要在它上頭貼出短租訊息，便自動幫忙房東將同一份訊息轉貼到Craigslist上合適的版面。這件事對於房東有極大的吸引力，貼一份訊息在兩處曝光，何樂不為？因此，做為一個雙邊平台（詳第三堂課的說明），房東這一邊就很健康地成長了起來。

那麼平台的另一端，有短期租屋需求的房客，要怎麼「駭」大呢？研究了很久之後，Airbnb團隊發現許多房東刊登的拙劣房況相片，把許多潛在房客擋在門外。所以他們決定採取一個非常勞力密集的駭法：以免費專業攝影技術替房東拍攝屋況，以專業影像呈現建立房客的信心。2010年夏天，Airbnb跟20名攝影師簽約，在美

國大城市替屋主拍室內照。這策略再度奏效，房客的需求被有效地吸引、刺激出來。

　　追求進一步成長時，Airbnb團隊意識到房東和房客這兩頭各自的「信用」風險，是交易的最大阻力。於是，Airbnb靠些合法合理的技術駭法，解決信任問題。2011年夏天，Airbnb讓使用者在介面上直接與他們的臉書帳號連結。因此，平台一端的用戶可以看到另一端用戶在臉書上呈現的社交狀況，簡單地進行背景調查。

第三堂課

平台、平台

Google如何稱霸數位世界？
靠著十多年前的單一搜尋引擎，
逐步經營旗下眾多平台，
形成至今無人能匹敵的數位生態圈。

互聯網商業應用的基礎概念：平台

「平台」有各種不同的指涉。

現代的日常語言裡，我們常說某個場合、某類會議是「意見溝通平台」或「訊息交流平台」。但這堂課裡我們所要討論的，不是這種意義的平台。

在工程領域，模組化的生產製造或服務提供情境裡，也常提到不同的產品或服務共用一個「平台」。譬如福特、馬自達、起亞曾在亞洲共享以底盤為基礎的小型轎車「汽車開發平台」；飛雅特和GM在歐洲也有類似的平台合作。最近，中國吉利集團收購的VOLVO，也宣告將和吉利汽車共享SUV底盤平台。然而，這類系統工程意義下的平台概念，同樣不是我們關注的重點。

排除掉日常語言和系統工程場域裡指涉的概念，這兒我們所關切的「平台」，其涵蓋事實上相當廣。下面這些五花八門的生意，都有一個「平台」作為經營的核心：

· Android Play的app市集。

· 104、1111的人力仲介服務。

· 臉書、Line、微信等的線上社交媒體。

- KKbox、Spotify 這類的音樂串流服務。
- Google、百度這類的搜尋服務。
- 《蘋果日報》的線上版本和實體版本。
- 小三美日網購、夠麻吉團購。
- 支付寶這類的互聯網金融支付工具。
- Duolingo 這類的語言學習機制。
- Apple Watch 這類的智慧型穿戴裝置。
- EZTable、Uber 這類的 O2O 服務。
- 富士康、騰訊、研華、Google 等各類企業都想做的車聯網。

　　總地說，互聯網上的各種新舊商業模式，其基礎無非都是「平台」。因此，理解乃至掌握互聯網商機的關鍵前提，在於弄懂接下來我們所要討論的「平台」相關概念。

平台不是新玩意兒

　　談數位行銷、電子商務、O2O 等新時代的議題，都不免提到「平台」這個詞彙。要搞懂進而玩轉這些新時代議題，也必須先抓住「平台」的相關概念和意涵。雖然這麼說，平台本身卻不是

新近才迸發的現象。在互聯網出現之前，世界上已有許多的商業活動生發在各種平台上。

　　簡單地說，若市場上有 A 與 B 兩群人，各群群內成員相對同質，且成員間彼此多半有若干關係（或至少共通的興趣），則這兩群人的總和可稱為是一個「雙邊網絡」（two-sided network）。若雙邊網絡的兩群人中，至少有一群強烈需要另一群，但該等需要的滿足又必須透過一些產品、服務或系統來達成，則這些產品、服務或系統，即為此一雙邊網絡裡的一個「平台」，簡稱「雙邊平台」。依循著這樣的定義，我們不難理解，包括日系百貨公司（百貨扮演房東角色，一邊聚集了承租的品牌商，另一邊吸引了購物群眾）、傳統的銀行零售金融業務（一邊聚集了有閒置資金的存款戶，另一邊聚集了有資金需求的貸款戶）……等，許多行之已久的商業行為，就已經倚賴雙邊平台進行。

　　表 3-1 列舉了一系列新舊經濟裡有代表性的雙邊平台。這些例子中，雙邊平台可能是產品（如電腦），可能是服務（如金融），也可能本質上是套系統（如社交網站）。無論如何，分屬平台雙邊的兩群，透過平台的仲介，取得了意想不到的價值，這是沒有平台的商業模式所辦不到的。而這種種價值，有時來自平台兩端相互提供、平台仲介而實現（如婚配平台仲介男、女兩

端）；有時則來自平台提供資訊、平台中一端負責贊助（如社交或內容網站，使用價值來自平台提供的資訊，而平台因為廣告商的挹注才得以持續經營）。

表3-1：雙邊平台示例

A 群顧客	作為中介者的雙邊平台	B 群顧客
閱聽大眾	報紙、雜誌、電視節目	廣告主
購物者	日式百貨（如SOGO）	承租店商
貸款戶	零售金融業務（如銀行）	存戶
持卡人	信用卡[※]	店家
電腦使用者	個人電腦（如ASUS電腦）	第三方軟體開發商
手機使用者	智慧手機（如iPhone）	App 開發商
應徵工作者	人力仲介業務（如104人力銀行）	雇主
線上購物的買家	電商平台（如淘寶、奇摩超級商城）	進駐的賣家
使用者	社交網站	廣告商
有雇車需求者	O2O 應用（如Uber）	空間的車主或司機

[※]信用卡牽涉到收單銀行與發卡銀行等機構，所以實際上是超過兩邊的「多邊平台」。此處將其後台場景忽略，簡化為雙邊平台來解釋。

正或負？這邊還是那邊？

就經濟意義而言，雙邊平台上透過平台仲介，可能產生四種
類型的網絡效果：

1. 同邊正向

當某一邊的參與者愈多，同一邊個別效用就愈高。例如臉書
的使用者群，如果有愈來愈多的朋友加入使用該平台，則每個人
因有更多線上互動的機會，使得效用提高。

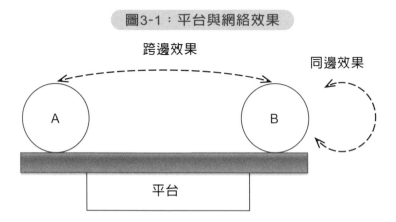

圖3-1：平台與網絡效果

跨邊效果

同邊效果

A

B

平台

2. 同邊負向

當某一邊的參與者愈多，同一邊的個別效用就愈低。例如百貨公司週年慶時，購物民眾在擁擠不堪的百貨樓層，會覺得人少一點逛起來比較舒服。

3. 跨邊正向

當某一邊的參與者愈多，另一邊的個別效用就愈高的網絡效果。例如短雇私家車平台，如Uber），一旦平台經營出龐大的雇車需求客群，平台另一邊的車主／司機會更願意加入平台。

4. 跨邊負向

當某一邊的參與者愈多，另一邊的個別效用就愈低的網絡效果。例如臉書塗鴉牆若出現過多的廣告訊息，使用者意識到平台另一邊的干擾愈來愈大，使用意願便會降低。

把平台養大

　　從商業的角度出發，雙邊平台的經營，首要在於擴大平台兩端的客群，而後藉由合適的商業模式，從一端或兩端的客群方面創造營收。在這樣的邏輯下，雙邊平台的成長管理重點包括：

聰明的雙邊訂價

　　同任何生意一樣，雙邊平台從無到有經營兩邊的客群，常常需要透過價格管理來進行調節。此時或會陷入西方所謂Catch-22※的「雞生蛋，還是蛋生雞」矛盾，迷茫於到底應該如何進行雙邊訂價，又應先把資源用來壯大哪一邊的客群。

　　雙邊平台的雙邊訂價，概念上有「收益方」與「受補貼方」之別。顧名思義，雙邊平台常常透過低價或甚至免費的手段，「補貼」平台的受補貼方，企求這一邊的客群能快速增加。當「跨邊正向」的效果形成後，開始吸引受補貼方加入平台，由收益方賺取收益。

※美國二戰小說《第二十二條軍規》，規定飛行員必須喪失心智才可以除役，卻又必須本人親自申請，顯現其荒謬與矛盾。

　　雙邊平台的跨邊效果常常不是對稱的，因此，若平台兩端AB兩群顧客中，（1）A群是B群的目標顧客；（2）B對於A需求較強烈；（3）A的價格敏感度較高；（4）A群有「同邊正向」網絡效果，且／或（5）A群對於平台的需求強度較低，則A群較適合接受補貼。

精簡為上

　　除了財務成本外，雙邊平台兩邊的客戶加入平台，都會另外產生時間、精神、學習等成本。因此，除了價格誘因，平台管理為了吸引兩端客群，使用便利、流程精簡也是重要因素。以智慧手機的作業系統為例，使用者端的使用者經驗優化管理，以及app開發商的審核上架流程精簡優化管理，品質良劣都將直接影響平台兩邊的客群規模。

就是要不一樣

　　如果面對競爭者眾的平台戰場，那麼尋求有意義的差異化可能，無疑是重要的競爭策略選項。當然，這裡的差異化，重點在

於讓至少一邊的平台客群能清楚認知該平台提供了不同於競爭平台的價值。例如在諸多社交網站平台間，LinkedIn不經營一般休閒性社交，僅專注「職場」場景，因此成為職場社交領域的龍頭。

從利基做起

在競爭者眾的平台戰場上，另一個差異化的可能性，是著力於特殊、狹窄、尚未有效經營，但未來可能有漣漪擴散效應的利基型市場區隔。臉書就是一個顯著的例子：早年僅經營哈佛學生群，後來延伸至長春藤聯盟，再拓展到全美大學，最後走出校園、進入一般社會。

鞏固核心槓桿業務

數位時代的雙邊平台，實務上往往藉由業務項目的擴展來壯大客群。此時就需要確立平台的核心業務，以此作為槓桿來撐起新業務。阿里集團裡的支付寶、Google的線上搜尋技術，在近年擴展業務項目的過程中，都扮演相當關鍵的核心槓桿角色。

市場包覆與反包覆

假設市場中有 A 與 B 兩個雙邊平台，彼此的經營項目有所重疊，也有所不同，造成雙邊客群有所交集也有所差異。如果 A 平台逐步擴充服務項目，到了能涵蓋 B 平台所能提供服務的境地，那麼 B 平台就面臨著被 A 平台取代的威脅。此一威脅若具體成真，則 B 平台的客群將流失給 A 平台。此時，就稱為 B 平台被包覆（enveloped）。最常舉的平台包覆事例，是 90 年代晚期原為市場龍頭的 Netscape 瀏覽器，因微軟將自家的 IE 瀏覽器綑綁於市場獨大的作業系統中，並免費提供給用戶，瀏覽器龍頭地位遂逐步遭到侵蝕、包覆。

Line 對於 Mixi 的包覆

日本線上社交市場中 Line 取代 Mixi，也是另一個鮮明的事例。創始於 2004 年的 Mixi，曾是占日本龍頭地位的社交網絡平台。創始同年，即推出手機版服務。要加入 Mixi 必須有舊會員的推薦；嚴謹的會員認可機制，很長的一段時間裡，讓 Mixi 廣受日人的喜愛。但 2011 年 Line 問世，以即時通訊為主軸，也涵蓋 Mixi 的主要功能，在即時通訊的便利性上則遠勝於 Mixi，且陸續擴展業務至購物、娛樂等。近年來，愈來愈多的 Mixi 用戶將線上社交時間從 Mixi 移轉至 Line。此時，Line 即典型地包覆了 Mixi。

數位平台的特性

　　平台，是商業活動中既來就有的一種模式。然而，在零邊際成本、注意力經濟、共享經濟……等新經濟邏輯驅動下，相較於類比時代平台，數位平台有著更為鮮明的特性。透過這些特性，搜尋成本得以降低，交易成本得以減少，因此生發出更多元的新商機。

高效連結與媒合

　　「連結」與「媒合」供需兩端，是傳統平台在商業活動中的主要功能。數位環境裡邊際成本趨於零的各種訊息溝通樣態，大幅降低了傳統上雙邊平台聚客與雙邊互聯等項目的磨擦係數，讓平台可以將「連結」與「媒合」功能發揮得更加淋漓盡致。也因為高效率的連結與媒合，讓許多營運範圍傳統上受地理疆界、溝通成本等因素而受限的連結／媒合需求，得以透過數位平台而被滿足。

　　以近年方興未艾的專案眾籌雙邊平台為例，如美國的

Kickstarter.com 與台灣的 FlyingV，將平台一端的專案籌資需求，如商業、公益、探奇、個人自我實現等目的，與平台另一端有投資或贊助意願的出資者加以連結與媒合。籌資方於平台上詳細解說專案內容與目標，出資方直接於平台上進行大小金額不等的出資動作。在這樣的背景下，此類平台所連結媒合的，可能是利益，可能是興趣，也可能是理念。以 2014 年春台灣的太陽花學運時期一項募資動作為例，當時支持者透過 FlyingV，成立以刊登報紙廣告、訴求警方 324 血腥鎮壓為目的的募資專案。專案啟動 35 分鐘，即募足於台灣《蘋果日報》頭版刊登廣告所需的新台幣 150 萬元；再過 3 小時，在美國《紐約時報》頭版刊登廣告所需的新台幣 633 萬元也已募足。

至於純粹以利益為出發點的平台連結與媒合，很典型的例子是中國近年火紅的 P2P（peer to peer，點對點）借貸平台。「拍拍貸」於 2007 年創立，是中國第一家 P2P 借貸平台。雙邊平台的一端，是有借款需求者，另一端是有餘錢可貸放收息者。透過低交易成本的線上平台，去除傳統的銀行仲介，借貸兩端理論上都能有更優惠的條件。「拍拍貸」剛成立時，平台不涉入風險擔保。2010 年，「紅嶺創投」首開平台擔保的 P2P 借貸模式。到了 2012 年，市場上出現由軟體開發商提供的「網貸範本」；任何人只要購

買一套範本，就可以開展P2P借貸平台業務。當然，當流行變質為
歪風，便造成了借貸平台的連續倒閉潮。

多樣的附加服務

除了連結與媒合，現今的雙邊平台，也常透過加值服務，
提供平台兩端顧客的多樣性價值。一方面平台可能吸引更大的客
源，另一方面既有顧客對於平台的倚賴性與行為忠誠度也可望提
升。

2004年，阿里集團為了扶持新創立的雙邊平台「淘寶」，在
中國市場社會信任程度較低、支付工具發展較慢的時代背景下，
推出第三方付款工具「支付寶」。不僅連結買家與賣家，更以確
保雙方權益為主要訴求，成功協助淘寶攻城掠地，在中國市場擊
潰全球C2C電商龍頭eBay。

針對中國市場特性，阿里集團藉由支付寶作為數位槓桿，後
續拓展了B2C電商、團購、租車等業務。另一方面，直接以支付
寶為基礎，阿里集團近年來也打造了一系列衍生的雙邊平台。最醒
目的事例，是2013年6月開始的「餘額寶」。作為雙邊平台，餘額
寶一邊是帳戶中有餘額的支付寶用戶，另一邊是基金發行公司。此

外，2014年8月，阿里在支付寶上建構號稱初步有七大類六十餘項接口的開放平台，提供企業實名認證商家與第三方軟體開發商，透過API（應用程式介面），開設包括服務窗、二維碼、Wi-Fi、卡券等與支付、數據分析、會員管理和營銷相關的衍生服務。

2010年開始，淘寶也以「淘寶旅行」名稱，經營線上旅遊業務平台。除了航空公司與酒店等直接的旅遊服務提供者外，也提供其他的線上旅遊業者（online travel agencies，OTA）開店進駐。2014年，「淘寶旅行」改名為「去啊」，企圖透過阿里生態系內其他（如支付寶）平台的撐持，推出「機票一鍵退改簽」退票一小時還款、退房時還無須排隊付款的「酒店後付」等，攜程一類傳統OTA無法提供的服務體驗。

扶持收益方在平台上快速長大

平台論述的基本假設，是平台除收費上可能分「收益方」與「受補貼方」之外，通常會以相對中性的態度，經營平台兩端中的同端個體，以求成長。然而，因為經營的邊際成本趨於零，數位平台也有可能在「魚幫水、水幫魚」的思考下，策略性地扶植收益方中的某些參與者，促其客源壯大，以此來增益平台的黏性。

在中國的電商市場，淘寶／天貓的平台成長歷程裡就依從這樣的思考。因此，稍早的階段裡，淘寶力推一系列原生於淘寶平台上的「淘品牌」。天貓創立後，更扶植不少「淘品牌」為「天貓原創」。作為純粹的雙邊平台，淘寶與天貓一方面盡力維護消費者權利，一方面至少在某些發展階段裡，也著力照顧某些開店商家的營運。這樣的思考脈絡下，平台與進駐店家間產生某種協力關係。

相對地，無論是網路原生的京東或是實體世界裡搏大的蘇寧、國美，因為電商發展歷程中自營商品的結構因素，以及與品牌供貨商之間較屬傳統通路上下游關係，衝突難免。而當京東或蘇寧於自營之外，開始經營起平台業務，則在早先的垂直衝突之外，又增加了水平衝突。另外，如在中國市場以化妝品起家的電商聚美優品，在嘗試過自營化妝品，以及包含化妝品和鞋服類平台的雙軌經營後，現在將自營項目擴大（原有自營＋品牌合作授權＋跨境自營電商），而將平台業務縮減（現僅剩鞋服類），則是企圖降低水平通路衝突的調整。

天貓原創

信任經濟的基礎

　　數位經濟邏輯裡的「共享經濟」，本質是閒置資源的充分利用，而其實現的前提則是信任。沒有信任，就沒有共享。在中國，由於傳統文化以及過去數十年的曲折歷史發展的雙重影響，社區意識薄弱，人與人信任程度在熟人圈以外相當低※。相對地，歐美社會在其固有文化與信仰引導下，對於「信任」給了較為立體與輕鬆的空間。因此，迄今所見，需要傾注較大信任給陌生人進行較敏感服務的項目，主要生發在西方的互聯網市場裡。

　　美國中產家庭常習慣雇用臨時保姆照顧小孩，以方便父母參與夜間或假日的社交活動。數位時代裡，很自然地就出現媒合父母與保姆的平台。然而，不同於前面所討論各種以「物」或「錢」等「身外之物」為標的的平台服務，這樣的平台在運行上，必須先處理臨時找陌生人到家裡看顧小孩這件事，背後有著相當敏感的信任問題。UrbanSitter是相當有代表性的雙邊平台經營範例。作為一個數位雙邊平台，UrbanSitter鼓勵保姆端提供各種提高父母信任水準的資訊。除了傳統的身家資料、證書……等靜態訊息外，更歡迎保姆自錄短片，降低父母在雇用時的陌生感。在平台另一端的父母，除了可以看到符合己身條件的鄰近保姆可工

※費孝通在《鄉土中國》這本經典著作中所闡述的「差序格局」，對於中國文化裡人們以非常不同的態度面對「生張」與「熟魏」兩群的現象，是相當簡明扼要的解釋。

作時間表、服務價格外，還因為 UrbanSitter 運用了臉書的社交與連結特性，更容易搜尋臉書朋友群曾雇用過，且有所正評的保姆資料。

　　另一個例子是美國眾籌平台網站 Thoughtful.org。跟一般眾籌平台不同，網站專注於為困窘於自己、家人或朋友龐大醫療費用支出的美國大眾，提供一個透過線上社交網絡＋眾籌，不必自己直接向熟人開口，而仍獲得資助的管道。舉例而言，癌症病患可能無力負擔每天需要注射的藥劑開銷，他或他的親友可以經 Thoughtful.org 查核認證後，在該平台上述說病患狀況並尋求支援。平台設計方面，網站強調每個醫療募款案訊息，會先透過發起者的線上社交網絡發送，讓原本即與發起人認識的親友先進行第一波捐款，再透過網絡擴散效果和平台內容展示，讓更多人可以獲得相關的訊息。

 連結父母與保姆的雙邊平台：
UrbanSitter 簡介短片

數位平台 ing

產品平台化

在數位環境裡的商業創新過程中，近來常見原先是作為一種數位商品而提供的服務，隨著客群擴大，冀求吸引第三方多元互補性服務的提供，因此從數位產品一變而為數位雙邊平台。

例如周鴻禕的奇虎360，透過提供免費防毒軟體「360安全衛士」給中國網民，並不斷開發結合新的免費服務，因而創造了超過5億名註冊用戶的龐大客群。在這樣的客群基礎下，360安全衛士由產品轉而平台化，一端經營用戶群，另一端則吸引廣告商與協力廠商軟體開發商的投入。

另一個例子是微信。原以QQ著稱的騰訊，2011年推出即時通訊服務微信；2014年年中，用戶數已達4.38億。初期，微信是個標準的通訊服務性數位商品，免費提供給用戶使用。後來，除了各種與通訊有關的功能，服務逐步擴充至遊戲、支付、理財、網購等業務領域，並且成為一個雙邊平台。而對於一般品牌商而言，微信的主要用處仍在於包含「訂閱號」「服務號」「企

業號」等選項的微信公眾平台，以類似粉絲團的線上行銷互動溝通。在這樣的背景下，微信所代表的雙邊平台，一端是使用者，另一端則是開通「訂閱號」「服務號」與「企業號」的品牌商。

平台之上，可能因特別聚焦於某一項功能或特性，而連帶衍生出互補性的新平台。近來由於「公共號」與「服務號」的需求趨向多元，出現了一批微信後台開發商。騰訊因此借力使力，建構開發商聚合平台「微信雲」，做為微信生態圈中的一個互補性雙邊平台。這個雙邊平台，一端服務有線上行銷溝通需求的品牌商，另一端則聚集了提供這些需求的後台開發商。

平台移動化

智慧手機普及的影響之一，是傳統使用者對於個人電腦的寄託，逐漸移轉至行動端。因此，原先於個人電腦環境中創建的數位平台，開始展開各種行動化的工程。尤其是各市場裡的數位平台，都在此一趨勢下，主動或被動地進入移動領域。舉例而言，作為一邊面向用戶，另一邊面向廣告主的百度，其行動搜尋量從2014第三季開始已超越個人電腦用戶端。

線上音樂市場也在平台移動化趨勢下迎接新的服務模式。

微信公眾平台首頁

2001年蘋果建立的iPod＋iTunes系統，基本上是桌機／筆電時代的產物。這套系統的基本假設是：（1）線上音樂的消費型態是個別音樂檔案的購買與下載；（2）消費者在自有硬體（iPod或電腦）上儲存所購買的音樂檔案；（3）線上音樂的消費行為與電腦使用行為互補。

十多年後的今天，音樂串流服務的重要性日升，移動終端的普及是非常關鍵的推手。對於如Spotify一類的串流服務而言，營運的新邏輯則是：（1）線上音樂的消費型態是消費者對於龐大音樂資料庫的訂購；（2）消費者透過行動載具，以串流的方式享受儲存於雲端的各種音樂；（3）線上音樂的消費行為與傳統個人電腦使用行為基本上無關，大多數時候寄託於隨身的行動載具。在這樣的變遷下，線上音樂消費平台正經歷一個由電腦時代步入行動時代的「典範移轉」（paradigm shift）。

再以線上旅遊平台為例。平台一端是旅遊需求者，另一端是航空公司、酒店等旅遊服務提供者。除了傳統意義上旅遊業所具有的顯著季節性需求、無法儲存的服務提供等特性外，在地化產品以及即時性服務更是晚近各旅遊平台競逐的項目。而這些項目，都與行動趨勢有密切的關聯。例如目前中國最大的旅遊平台「攜程網」，其行動端在酒店和機票的業務量方面，都已超過個

人電腦端。

譜寫變奏曲

晚近數位平台發展的另一項趨勢，是當某類平台經營的商業模式被市場認可後，隨之便出現圍繞著該商業模式的各種細分化、差異化或在地化經營企圖。這裡，我們以成功打入數十國市場的線上叫車平台Uber為例，看不同市場裡以Uber模式為基調的幾種變奏型態。

Uber於2013年9月進入新德里、孟買等印度大城市，但受限於高價，市場接受度有限。反倒是印度本土出現了類似Uber模式的電動三輪車叫車服務Autowale，更為親民。適應印度特性，用戶除通過app外，另還可藉網站、電話來叫車。乘客每次付出33分美金的叫車費用，而司機透過簡訊取得叫車資訊。

在Uber的模式下，美國紐約州也出現專為女性服務的SheTaxis，屬於特殊客群的利基型叫車服務。作為雙邊平台，SheTaxis一端是以粉紅披肩為識別的女性計程車駕駛，另一端則是利用SheTaxis叫車的搭車乘客。特殊的是，同車者間至少須有一人是女性，否則SheTaxis將轉單給其他計程車服務業者。

Autowale簡介短片

　　這個模式既然可以載人，那麼為何不試試載貨？這就是總部位於香港的 GoGoVan（高高客貨車）業務了。同樣透過叫車平台app，串聯起貨車司機和需求用戶兩端，解決一般人偶而有之的運貨需求。

經營生態圈

　　由於雙邊平台提供了需求與供給的媒合、連結，當一個專營特定需求領域的線上雙邊平台，在經營上達到一定的規模後，接下來很自然的策略選擇，便是跨足經營其他領域的線上平台業務。具體的做法，可以在既有平台上提供新的附加服務，以新服務起始另一個平台；也可直接透過自創或併購，掌握與既有平台服務無直接關聯、但長久而言彼此功能互補的新平台。如此，企業轄下的服務，由單一平台慢慢拓展為多平台，而逼近可滿足使用者多數需求的生態圈經營概念。

　　因此，Google 在文字搜尋業務奠下無人能敵的平台根基之後，開始經營地圖、音樂、影音、支付等不同的平台。尤其透過 Android 行動裝置作業系統平台，將原先以電腦為主的各種平台業務，移植到行動場景裡，更加發揚光大。在這樣的動態布局

GoGoVan 的廣告短片

演化中，Google已由十多年前的單一搜尋引擎平台，逐步經營起一個由旗下眾多平台互補銜接起來的數位生態圈。無論是工作或休閒，使用者的各種（廣義的）資訊相關需求，基本上都能在Google生態圈中得到一定程度的滿足。

當然，跨平台的全生態圈經營，並非專屬於Google。蘋果與亞馬遜，也各自透過一連串結合軟體與硬體的平台創發，與Google進行數位環境裡的生態圈競爭。在Google，蘋果與亞馬遜間所發生的此類競爭，有直接彼此競爭用戶者，如：作業系統iOS vs. Android，亞馬遜Fire TV vs. Apple TV……等，但也不乏各擅勝場而他方無能趕上之處，如Google的廣告營收機制、Apple在工藝設計方面的優勢、Amazon圍繞著Kindle硬體所創造出的獨特閱讀體驗……等。

相對而言，跨平台的全生態圈經營競爭，近年來在中國市場更加激烈。最顯而易見者，是百度、阿里、騰訊（所謂BAT，代表各三集團的字母）三方集團間的短兵相接。表3-2簡單列出這三個集團環繞著用戶所各自進行的生態圈布局。從該表中不難看出，這三個原始背景大相逕庭的集團，在生態圈經營這事上跑馬圈地的劍拔弩張。

表3-2：BAT跑馬圈地下的眾平台

平台布局	百　　度	阿里巴巴	騰　　訊
網路購物	百度購物、微購	淘寶、天貓	騰訊電商、易訊網
雲端運算	百度雲	阿里雲	騰訊雲
團　　購	糯米團	美團	大眾點評
支付工具	百度錢包	支付寶	財付通
信用貸款	百度小貸	阿里小貸	財付通小貸
基金理財	百發	餘額寶	理財通
通　　訊	百度Hi	來往	QQ，微信
地　　圖	百度地圖	高德地圖	騰訊地圖
打　　車	地圖打車	快的打車	嘀嘀打車
旅　　遊	佰程	去啊	QQ旅遊、藝龍

※所列項目包含各集團自有平台與重要持股投資項目。

第四堂課

撐起數位行銷
溝通槓桿

小米如何運用低成本、高報酬的數位行銷溝通槓桿？
小米創辦人雷軍的互聯網七字訣：
「專注、極致、口碑、快」。

官網一建萬事足？

　　面向數位時代的顧客，企業如果想有效地進行各種溝通活動，甚至創造溝通方面的「數位槓桿」效果，首先必須確實掌握各種數位溝通工具的適用情境與使用限制。我們將從整合行銷溝通的角度，剖析現今較為重要的數位行銷溝通工具樣態，並將焦點放在策略面的理解，而不太操心技術操作的細節。

　　常常聽到不同的人，因為各自的經驗與專長，一談到數位行銷溝通，便把它等同於「網路廣告」，或化約成「社群行銷」，甚或有「官網一建萬事足」的想像。這些連結所指涉的溝通型態或溝通工具，的確都是數位行銷溝通中可能應用到的環節。但如果要更全面地掌握當今各種可能的數位溝通工具，那麼便得從理解「推、拉、傳、動、釋」這簡單的五個動詞，以及相關的各種工具開始。

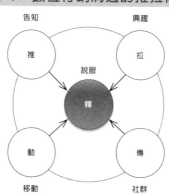

圖4-1：數位行銷溝通的推拉傳動釋

「推」著溝通

　　二十世紀主要透過大眾傳播媒體所進行的行銷溝通（尤其是廣告活動），依據媒體（報紙、電台、電視、戶外看板等）特性，設計合乎該媒體特性與溝通目的的訊息，進而透過媒體向大量的閱聽人遞送訊息。這種「推」訊息的作法，對於閱聽人的媒體關注行為（如閱報、看電視等），實際上都造成了干擾，只差在程度或輕或重。

　　網路商業化開始後第一波出現、迄今仍廣為採用的數位行銷溝通工具，便是寄居於數位媒體，本質上承襲類比時代干擾式推送訊息的展示型廣告。這種數位廣告模式發展迄今已二十個年頭，訊息呈現也從早年的靜態文字，發展至如今花巧炫目的多媒影音。傳統上，展示型廣告圈曾對於到底是「曝光」就有效，還是需要「點擊」才具有意義，有過認定上的爭議。

　　晚近，多數人已能接受曝光本身在品牌化動作或訊息告知上的意義。全球大廣告主之一的可口可樂曾進行大規模的研究，以釐清數位與類比廣告的差異。研究的結論，簡單地說，就是展示型廣告的效果與傳統電視廣告相仿。究其運作模式，兩者都以干

擾方式，進而吸引閱聽人的專注，直接作爲「干擾源」的訊息而完成溝通目的。

這樣的結果符合當今業界的基本共識。因此，在可預見的未來，愈來愈多元的展示型廣告，透過桌機、筆電、平板、手機……等載具的螢幕，仍將不斷被推送到網路使用者的面前。

「推」訊息，後來還涵蓋了「原生廣告」模式。原生廣告的概念由風險投資人威爾森（Fred Wilson）提出，指涉設計與內容都和網站或 app 密切貼合，因此在使用者體驗上，和網站或 app 的服務融爲一體，而無強烈干擾感的廣告模式。這種廣告模式，強調推送攸關內容、整合用戶體驗的視覺整合設計。譬如會出現在臉書的動態贊助，執行上讓使用者不易察覺廣告的干擾，便是原生廣告模式的例子。至於原生廣告的形式，則可能包括文章、音樂、影片、圖片等。

數位時代的廣告推播

在用戶訊息通路與資訊行為都愈來愈零碎化的今日，互聯網上的廣告操作，也隨著技術的進步及廣告主精準行銷的要求，而與往日的廣告操作模式大相逕庭。

十九世紀就有廣告主針對廣告效果的難以捉摸而感嘆：「我知道我的廣告花費有一半是浪費掉的，但我不知道是哪一半。」從十九世紀的平面廣告到二十世紀的電視廣告，乃至世紀末開始出現的網站展示型廣告，操作的步驟，通常是先訂好預算和訊息暴露量，選擇與目標客群的閱聽習慣最接近的媒體與載具，然後進行廣告檔期的排程。此模式的本質，是認知到廣告主在單一媒體上可以接觸 N％ 的目標客群，N 的數值隨不同媒體而異，而目標客群在不同媒體間有交集也有補集，所以常從 N 最大的媒體選擇起，進行媒體購買。

隨著 Google 所建立，針對廣告主的 AdWords 與針對內容網站的 AdSense 服務，配合外圍如 Display Network 的建置，關鍵字廣告生態圈早已產生了即時競價、「買顧客」而不再是「買媒體」的轉折。在這樣的生態下，「最大化購買媒體的目標客群比例」的傳統媒體購買思維，也已隨之蛻變為「不是目標客群不會接收到廣告」的概念。

　　而這種即時購買、精準行銷的邏輯與做法，近年也拓至展示型廣告。市場上聚集各種內容網站販賣廣告版面需求的「廣告網絡」（Ad Network），其實是標準的雙邊平台：一端是廣告主，另一端是內容網站。廣告網絡發揮平台連結、仲介的特性，媒合廣告主刊廣告與內容網站收租金的需求，並靠仲介的佣金牟利。

　　但是每一個廣告網絡裡的各種廣告位存量（也就是簽約的內容網站可登各種廣告的版面）卻未必處在最適的狀況。譬如某廣告網絡，在某段時間裡可能有較多的汽車相關廣告位存量，但較缺乏都會女性相關的廣告位存量。在此情況下，優化廣告版面存量的重要動作，就是與其他廣告網絡交換或買賣廣告位存量。而為了因應這樣的交換或買賣需求，就產生了「廣告交易平台」（Ad Exchange）。晚近，與這類交易平台直接打交道的，不僅止於廣告網絡，還包括廣告主與內容網站。而在這類交易平台上的交易價格，就由實時競價（Real Time Bidding，RTB）所決定。目前全球最著名的廣告交易平台，包括如 Google 收購 DoubleClick 後組成的 AdX，以及被 Yahoo 所收購的 Right Media 等。

　　隨著數位平台上對使用者跨域追蹤（例如追蹤某甲從 A 網站到 B 網站再到 C 網站，又如追蹤某乙從個人電腦用戶端換到手機端再換到平板端）技術的進步，如前所述，現今的數位媒體廣告操作，

重點已從「買媒體」跨越至「買可被跨域追蹤的個人」。

　　舉例而言，大衛在Google上搜尋「皮鞋」，隨著搜尋結果點進了Clarks皮鞋。如果廣告主Clarks正好使用Google的AdX廣告交易平台，而大衛的電腦在隱私權設定上沒有阻擋追蹤，則當大衛在Clarks網站逛了幾頁後離開，進入同樣也加入AdX的一個電子報紙網站時，Clarks便可在大衛瀏覽的電子報頁面上刊登廣告，繼續說服他多考慮Clarks產品的機會。Clarks若有興趣，便可和其他同樣對大衛有興趣的廣告主（不一定跟皮鞋有關，因為大衛最近並不是只去了Clarks的網站），以實時競價的方式競爭在該頁面刊登廣告，以持續向大衛進行行銷溝通。這種奠基於廣告交易平台的跨域持續溝通動作，稱為「重定向」（Re-Targeting）。

　　前述的種種可能與作為，事實上多不是藉諸人腦，而是透過程式，於電光石火的幾分之一秒間執行。所以廣告主在廣告交易平台上的廣告版面購買，通常屬於「程式化購買」。但是並非所有廣告主都有這方面的技術能力，因此便出現了站在廣告主立場，提供技術給廣告主的「需求方平台」（demand side platform，DSP）。DSP將廣告交易平台上複雜的技術語言，翻譯成行銷語言，在介面上顯示給廣告主。廣告主此時所需做的，就只有決定花多少錢買什麼樣的顧客這類的行銷決策，而技術細節則留給進行技術代理服務

的 DSP。同樣地，在廣告關係的另一端，內容網站可能也需要相對應的技術代理服務，提供這樣服務的業者便相對稱為「供給方平台」（supply side platform，SSP）。

無論是 DSP 還是 SSP，經營上需要的真本事，則是大數據的相關能力。

「拉」著溝通

在數位環境中，「拉」式行銷溝通的代表，是搜尋引擎上的訊息呈現。相對於亂槍打鳥的「推」，「拉」式的行銷溝通訴求的是願者上鉤。一遇到購物、工作、休閒等種種需求，今日的網路使用者通常本能性地在搜尋引擎上尋找相關的資訊。這時候，搜尋引擎會出現兩個部分的搜尋結果：其一，是自然搜尋結果的列示；其二，是關鍵字廣告的呈現。

要理解這兩件事，便必須先釐清以 Google 為代表的搜尋引擎，其本身的營運邏輯與獲利模式。作為一個讓使用者鍵入關鍵字找相關資訊的平台，今日眾主流搜尋引擎面對彼此間的競爭，

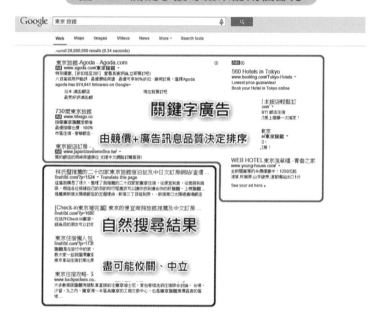

図4-2：關鍵字搜尋結果的兩個部分

為吸引使用者的持續使用，必須確保自然搜尋結果與使用者搜尋目的間的高度攸關性。因此，Google成立之初，兩名創辦人便創設了一套申請專利的PageRank運算法則，作為接收到關鍵字後，搜尋引擎回饋各方網頁資訊時排序的基礎。

另一方面，擁有網頁、希望網頁訊息能讓搜尋引擎使用者容易找到的行銷者，十幾年來透過第三方顧問的協助，千方百計地

Google關鍵字廣告系統
AdWords簡介短片

想讓自己的網頁在相關關鍵字被搜尋時，能排進搜尋引擎回覆搜尋結果的醒目位置（即搜尋結果的第一頁最好、頁內位置排愈上頭愈好）—— 相關的各種網頁／網站優化動作即所謂的「搜尋引擎最適化」（Search Engine Optimization，SEO）企圖。但對於搜尋引擎而言，如前所述，保有自然搜尋結果陳列的中立性與收關性，才能確保最大數目的用戶持續使用該搜尋引擎。因此，面對各種SEO動作，搜尋引擎會不斷地調整自然搜尋結果的呈現法則以回應。搜尋引擎與SEO相關作為間，因此便進行著不間斷的鬥法。

　　搜尋引擎竭力維護自然搜尋結果的中立，盡可能吸引使用者，目的在於透過販賣關鍵字廣告版面以營利。不同於展示型廣告以吸引眼球為目標，傳統關鍵字廣告所訴求的，是透過短短三行字高度的關鍵字廣告訊息，把已透過關鍵字搜尋顯露興趣的使用者「拉」向行銷者（亦即吸引搜尋者點擊關鍵字廣告，導向行銷者官網），以利後續更詳細的溝通。

　　也因為這樣的差異，一般而言，展示型廣告以估計訊息接觸人次計價，而關鍵字廣告則以每一點擊計價。後者的計價，還牽涉到與同樣出資購買同一關鍵字的其他行銷者間的競價機制。

「傳」著溝通

　　現今的線上社交平台，可粗分成如部落格、微博、YouTube等，以興趣為連結基礎的模式；還有 Line、微信等，以人際網絡連結為基礎的模式。無論是哪一類，談到社交平台的行銷作用，人們都會自然地往行銷訊息透過線上網絡「一傳十，十傳百」的方向想像。然而，社交平台果真有這麼神？

　　要回答這問題，一個不精準但俐落的捷徑，是想想你一天會在這類平台上接收到多少則行銷訊息？然後，再想想你自己有多常在社交平台上主動針對行銷訊息（而不是朋友的非商業性發文）按讚、傳轉？最近一次這麼做是什麼時候？這麼想過一回，前面提及的「一傳十，十傳百」圖像，應該就很自然地打個大折扣。而前頭提到的可口可樂研究報告裡，則更近一步指出，網路上對於可口可樂的討論量高低，其實與銷售量變動並無關聯。

　　所以，社群行銷無效囉？

　　不盡然。只是在「殭屍粉」充斥、社交平台上商業訊息充斥的今日，死抱粉絲數目、按讚數目這些在 2007 年時大家很在乎的績效指標，已經沒什麼意義。社群行銷的確可能發揮一傳十、十

Honey Maid 的 Love 訴求廣告短片

傳百的低成本數位槓桿作用，但現今許多社群行銷活動，因為承襲套路、了無新意，注定「傳」不動。

要「傳」，就要讓訊息接收者有主動「傳」的動機和意願。而這樣的動機與意願，往往肇因於訊息本身能吸引接收者注意，進而導引出接收者的好奇、理解與共鳴。接收者有了共鳴，訊息自然便傳開了。

2014年春天，美國餅乾品牌Honey Maid製作了一個標題為「This Is Wholesome」的廣告。影像中，出現若干同性戀家庭的畫面，刺激到衛道人士，引發喧然大波，當然也在線上線下各傳播平台被廣泛討論。波瀾掀起的幾週後，Honey Maid藉由YouTube等社群影音平台，播放了一支匠心獨具的影片，贏得各方好評與分享。影片中，兩個藝術家先把幾週內Honey Maid收到的數百則抗議訊息以同樣規格的紙張印出、捲起，成為一個個紙筒，然後將這些紙筒在地上排出Love字樣。接著，她們再將同一時間收到的數千則支持訊息，用規格與抗議訊息稍微不一樣的紙張印出，同樣捲成一個個紙筒。她們用這些支持方的紙筒排成前頭提到Love字樣的背景，烘托Love字樣。由於支持訊息在數量上壓倒性地多，所以視覺上Love字樣像是鑲嵌在一片紙筒排列的白色海洋中。這個借力使力的訊息設計，不到兩分鐘的長度，沒多廢話，

但該說的也都說了。到了當年年底，單單YouTube上，八百多萬次點閱，五萬多人按讚，兩千多人按不喜歡。這個餅乾品牌有態度的訊息，也因此應該能傳得很遠。

數位槓桿的強大作用，雖能替企業傳遞訊息，但稍一不慎，也可能反過來響亮地打企業耳光。2008年，聯合航空弄斷了鄉村歌手Dave Carol的托運吉他，歌手發現後開始漫長而終究無效的客訴。對於每天接到成百上千客訴的聯航，這本是一件無足輕重無人理會的事。然而這位歌手並沒有摸摸鼻子自認倒楣，而是寫了首抱怨的歌，找了幾個朋友拍了部簡單的MV，放上YouTube。接著，這段不慍不火、曲風明快、敘事清楚、製作簡單的MV瞬即爆紅，CNN等電視頻道隨即開始報導此事……

今天，這段在YouTube上的影片，總共被受盡航空公司悶氣的民眾點擊了超過一千四百萬回。即便聯航後來不得不出面道歉、和解，但這段影片未來還會一直在YouTube上，一遍遍對著聯航的顧客或潛在顧客唱著〈聯合航空弄壞我的吉他〉。

這些事例，告訴我們三件事：

一、在社交平台上，行銷資源的多寡常常不是重點。想讓訊息「傳」得動，訊息本身得先讓人產生共鳴。

〈聯合航空弄壞我的吉他〉
United Breaks Guitars原始短片

二、輕忽了使用者自創內容（User Generated Content，UGC）訊息的擴散力，企業便處處陷入負面公關的險局裡。

三、數位環境裡想妥善經營「傳」這件事，企業需要正正經經地投入資源，把它當正事做。

以鮮花與禮品為本業的1-800-Flowers.com為例，他們蹲臉書的馬步，就是先編派人力，制定一小時內必須回應臉書上任何客訴的溝通規則。

即時回應

2013年最後一天，中國網友＠眠無棉在新浪微博發文，把自己的相片與媽媽年輕時的相片並列，並且寫了些動人的文字（如：「歲月啊，你不要傷害她」）。隔天是2014年元旦假日，這則微博被許多人轉傳，接著也開始受到平面媒體的注意。中國OLAY在1月2日即與發文的女性取得連繫，並對外宣稱即將循著此一主題，把故事擴散延續開來。就當外界紛紛好奇OLAY到底在賣什麼藥的時候，OLAY於1月5日在官方微博上表示，將根據＠眠無棉的發文軸線，拍攝一段微電影。

1月9日，OLAY微博上發布該段微電影短片，題為「獻給最美的笑容」。這部微電影透過與原先＠眠無棉微博文字類似的表現手法，訴求媽媽與在外地工作的女兒間的情感，並連結OLAY「限

量版大紅瓶新生塑顏金純面霜」產品。在該年農曆春節將屆之際，整件事可說是一次操作迅速、訴求精準到位，足以激起目標客群共鳴乃至行動的即時行銷範例。

「獻給最美的笑容」短片

「動」著溝通

2007 年，賈伯斯在講台上介紹結合 iPod、網路瀏覽器、行動電話等三大功能的新產品：iPhone。那段不算長的新產品介紹演說，迄今已成為經典。也就從那時候起，數位世界向「行動」這件事跨出了不可逆的重要一步。在人手一部（或多部）智慧手機的今天，早年以個人電腦為主體的數位行銷溝通做法，已有巨幅的改變。

智慧手機讓訊息「即時傳送」的網路特性更加近身，也讓「隨地溝通」的網路可能性得以具體落實。行動場景不僅複製了個人電腦世界中的「推、拉、傳」等前述溝通型態，而且透過行動聯網所帶來的遠場、近場等多元應用可能性，更創出個人電腦世代沒有的新數位溝通維度。尤其是 apps 的重要性愈來愈高的今天，行動溝通情境愈來愈重視溝通的場景，而非 PC 世代數位行銷

賈伯斯 2007 年首次推出 iPhone

溝通所最重視的流量。

行動場景，衍生出碎片化、在地化、即時化、互動化的行動溝通邏輯。在工具面，行動溝通則涵蓋 apps，Wi-Fi，beacon 等種種可能性。而即時即地的溝通，若欲生發訊息擴散的槓桿效果，則必須與前面提到的「傳」—— 也就是社交元素相結合。在下一堂課裡，我們將由 SoLoMo（Social, Local, Mobile）三合一發揮作用的角度，完整地看待行動時代裡數位溝通的趨勢。

「釋」著溝通

前面所提到的各種數位行銷溝通工具，受限於溝通訊息傳遞的情境，常常僅能點到爲止。無論訊息是透過媒體購買而傳送，或者經由社交網絡而擴展開來，很多時候還需要提供完善的相關說明給興趣被觸發的網路使用者。展示型廣告、關鍵字廣告、社交平台、行動資訊傳遞，都像是接力賽跑中的第一棒。當溝通對象想進一步了解細節時，就應該有個賽跑中的第二棒，來盡說服之功。這個重要的第二棒，通常以官網的形態出現；某些中小企業，也會以部落格或粉絲頁來權充[※]。

※部落格或粉絲頁，因為先天在訊息呈現方面受時間軸的限制，常讓使用者不易尋得稍遠以前所刊登的訊息。因此，在一般狀況下，部落格或粉絲頁並非理想的「第二棒」。但如果溝通的標的是一次性、相對單純的活動，如：新片上映、演唱會資訊等，則另當別論。

從接棒的「登陸頁」起，官網的設計是否以使用者為中心、是否經過重複驗證，都將直接影響到說服的效率與效果。至於說服的效率與效果，在後台則可透過如Google Analytics等分析工具一覽無遺。因此，對於追求效率、講究效果的企業而言，可完全自主掌控的官網，是行銷溝通中可以不斷優化的重要詮釋空間。

有趣的是，在本地市場裡，常可看到各行各業花了資源架了官網，卻渾然不察官網接力說服的意義。很多時候，官網被拿來當作使用者其實完全沒興趣的美工設計展覽場；同時，不少企業官網也把使用者最想找到的資訊，藏在層層網頁之外，和使用者大玩躲貓貓。

表4-1：各種數位溝通模式的用處與限制

	用處	限制
推	面對大量使用者，進行告知	對使用者產生干擾
拉	針對由關鍵字展露特定興趣者，聚焦性地引流	某些情境無適當足量的關鍵字組，可供引流之用
傳	透過社群，發揮一傳十、十傳百的溝通槓桿作用	若訊息內容無法引起共鳴，則訊息將無法傳動
動	發揮即時、即地的溝通可能性	零碎時間、小螢幕溝通，因此訊息必須簡單化
釋	有完整掌控權，可進行詳細說服性溝通的處所	若無其他工具引流，則將無人造訪

三種媒體效果

　　各種主要數位行銷溝通模式，除了這裡提及的「推、拉、傳、動、釋」差異外，晚近業界也常以「付費媒體」（paid media）、「自媒體」（owned media）、「賺得媒體」（earned media）等三種媒體效果來進行歸類區隔。

　　在這樣的分類系統下，凡是屬於數位廣告的操作項目，無論是展示型廣告、關鍵字廣告，乃至社群媒體上的廣告、行動載具上播放的廣告，都屬於付費媒體項目。官網、粉絲頁等經營，無論是傳統設計形式，抑或是針對行動載具的另外設計，則皆屬於自媒體的範疇。至於賺得媒體，則主要指涉透過口碑所創造的低成本或零成本行銷溝通效果。

　　得當的數位行銷溝通，有可能創造出溝通面向上的「數位槓桿」效果。之所以稱為數位槓桿，是因為這類的溝通活動，僅產生有限的固定成本與趨於零的變動成本，而欲溝通的訊息卻能擴散廣遠。在上述三類媒體結果中，數位行銷溝通的槓桿成效主要來自賺得媒體，並以自媒體為輔。

表4-2：推拉傳動釋與三種媒體效果

	代表性溝通工具	溝通性質	付費	自建	賺得
推	展示型廣告	將訊息推送給較不特定、數目較眾的接收者	✓		
拉	關鍵字廣告 SEO	運用收關訊息，吸引自我展露特殊需求的線上資訊搜尋者	✓		
傳	社群媒體	訴諸社群網絡效果，造成訊息擴散	✓	✓	✓
動	行動行銷	即時、即地、收關的訊息傳遞	✓	✓	✓
釋	官網、部落格	官方訊息的完整、深入溝通		✓	

AISAS

打開任何一本行銷教科書，裡頭談到與行銷溝通相關的消費者行為時，一定都會介紹由類比時代的觀察所整理出的「效果層級模式」（hierarchy-of-effects model）。這個脈絡的學理，主張行銷溝通首先影響消費者的認知（Cognition），而後改變情感（Affection），最後促發行動（Action）。依循這樣的脈絡，傳統

上最有名、業界學界都流傳普遍的效果層級模式，是所謂的AIDA（Awareness、Interest、Desire、Action）模型※。

數位時代裡，行銷訊息對消費者的作用還是AIDA嗎？2005年，Web 2.0的說法開始在全世界流傳的當頭，日本電通廣告公司根據他們的觀察，認為還得加上兩個愈來愈重要的S。這兩個S，一指線上搜尋（search），另一指訊息分享（share），兩者都已是現代消費者的行為常態。無論找餐廳、買相機，乃至購車買房，各地消費者現在已非常習慣於消費購買前線上搜尋，廣徵他人分享的一手經驗；並且於消費購買後，透過社交媒體把自己的經驗分享出去。在這類情境中，訊息的搜尋與分享不斷循環、累積。因此，類比時代的AIDA典範，在數位環境裡便成為AISAS。

在AISAS的背景下，口碑成為一個非常重要的行銷溝通槓桿支點。若要例舉這方面操作精到的企業，這幾年廣受各方討論的小米便相當合適。

※有興趣的話，可以上網找一部1992年出品，舞台劇改編，中文翻譯為《大亨遊戲》的美國片（Glengarry Glen Ross）。在這部一群硬底子演員演出的片子裡，有一段艾力克‧鮑德溫對一群沒氣房仲訓話的場景，直接把AIDA這概念說得很清楚。

善於操作數位行銷溝通槓桿的小米

說到低成本、高報償的數位行銷溝通槓桿成果，小米近年來的飛快成長便是個好例子。近兩年小米的利潤率倍於聯想，但銷售與行銷費用占營收比方面，則小米不到聯想的一半。小米是怎麼辦到的？

小米創辦人雷軍的互聯網七字訣：「專注、極致、口碑、快」。憑藉這樣的指導原則，拆開來說，小米以專注與極致，作為產品開發與經營原則；以口碑，作為行銷溝通的主軸；以快，作為適應市場變動、回應顧客需求的行動準則。這其中，小米的行銷主軸倚賴所謂的「口碑鐵三角」：以物超所值的產品作為口碑的發動機，以社會化媒體作口碑加速器，再以用戶關係鞏固口碑關係鏈。透過這樣的鐵三角，小米經營用戶高度參與、品牌與用戶間強度較高的「朋友」關係。在這樣的邏輯下，因為相信粉絲效應可以強大到「颱風口上，豬也能飛」，小米的早年發展歷程中，在品牌經營上走了個不大符合直觀的路徑：先經營忠誠度，而後才經營知名度。

這樣的操作模式，首先練兵於米柚（MIUI）系統。當第一代小米手機發布時，米柚已經累積了五十萬名相對忠誠的用戶，作為小米手機正面口碑第一波散布的種子。

　　從那時開始，小米即很靈活地在「產品活動化，活動產品化」的概念下，以口碑為支點，撐起數位行銷溝通的槓桿。依照小米聯合創辦人黎萬強的說法，這個槓桿的三個基本戰略是「做爆品、做粉絲、做自媒體」；隨之的三個戰術，則是「開放參與節點、設計互動方式、擴散口碑事件」。

第五堂課

SoLoMo
新世界

當愈來愈多人使用智慧型手機上網搜尋，

流量甚至超越個人電腦用戶端時，

數位商戰就成了線上社交與行動app的天下。

社交與移動

　　2004、05 年開始流行的 Web 2.0 說法，一部分由那時候方興未艾的線上社群與社交活動衍生而出。從早年蓬勃於桌上型電腦年代的 MSN 等即時通訊，到與商品或服務有關的線上評論日益普及，再看到臉書一類平台的流行，線上社交與社群活動愈來愈繁複，企業也花費愈來愈多的資源投入如粉絲團經營、社交平台內容置入等線上行銷活動。

　　有趣的是，根據印度 Tata Consulting 於 2013 年針對全球橫跨 11 項產業、600 間大型企業的調查，發現有 44% 的企業不知如何量化計算社交媒體相關投資的報酬。至於那些曾實際計算線上社交活動投資報酬率的企業，則有三分之一表示相關的投資血本無歸。而網路行銷公司 iMedia Connection 於 2014 年年初訪問千餘家北美企業，也發現企業普遍對於社交行銷的成果存疑甚或不滿。我們曾針對「傳」的特性，詳細探討線上社交行銷的成敗關鍵。簡單地說，若無法引發共鳴，社交行銷很難發生作用。

　　另一方面，2007 年第一代 iPhone 問世，正式宣告智慧手機的年代來臨。2014 第三季開始，中國最大搜尋引擎百度的移動搜尋

量已超越了個人電腦用戶端。同一個時期，美國《華爾街日報》的數位內容有四成流量來自行動端，《富比世》雜誌的線上流量來自行動端的比例更高過五成。這些簡單的數據，共同指出網際網路的使用，由桌機、筆電逐步移轉到行動端的具體態勢。

隨著智慧型行動端設備的普及，蘋果 iOS 與 Android 兩大行動 app 平台上，已各自出現了數以百萬計的行動 apps。根據資策會的調查，2014 年年初台灣已有過半人口持有智慧型行動裝置。同時，行動 app 的使用者中，每人的裝置裡平均下載了 22.5 個 apps。但是這 22.5 個 apps 裡，平均僅有 7.5 個在兩週時間內會至少被使用一次。也就是說，雖然大大小小的 B2C 品牌都發行自己的 app，但其中真正受到消費者青睞而常態性使用，其實相當有限。

因此，線上社交與行動 app，正各自面對著現實商業應用情境裡的挑戰與限制。然而另一方面，線上社交與行動 app，如表 5-1 所示，理論上其實又包含著非常豐富多元的價值創造、溝通與遞送可能性。

表5-1：兩種工具的價值創造、溝通與遞送

	線上社交的應用	行動 app 的應用
價值 創造 效果	◎ 參與者自我表達的滿足 ◎ 參與者的社群歸屬感 ◎ 透過訊息豐富參與者的經驗 ◎ 品牌的活動設計	◎ 節省使用者搜尋與交易成本 ◎ 賦予使用者時間與地點的自主權 ◎ 娛樂提供，豐富化使用者的經驗 ◎ 雙邊平台的需求媒合
價值 溝通 效果	◎ 品牌透過內容經營，深化與既有客群的溝通 ◎ 品牌透過口碑擴散，開拓潛在客群	◎ 即時、即地的攸關性溝通可能 ◎ 價值交換過程的即時資訊
價值 遞送 效果	◎ 主要來自參與者與社交網絡成員間的情感性與資訊性價值交換	◎ 資訊性內容的遞送 ◎ 支付點以及實體商品遞送起點 ◎ 虛實之間的相互導引

　　從表5-1之中，我們也不難看出線上社交與行動app在商業相關應用上，其實有著非常高的互補性。實務上，根據前述資策會同一份調查中顯示，若以app類別而論，在台灣滲透率最高的兩種類別，分別是社交聊天類（平均有68%的人使用）以及社交機制設計於內的行動遊戲類（平均有52%的人使用）。也就是說，在一般智慧型行動裝置的使用上，「社交」和「行動」這兩個理論

上互補的向度，實務上已在使用者的使用習慣中融合為一。

　　基於社交工具所展開的社交可能，與使用者地理位移＋智慧型行動裝置融合，若再加上今日智慧型行動裝置通常具備的定位技術，就成了即時溝通、即地體驗、細分服務的SoLoMo情境。這裡所謂的定位技術，在廣域地理空間（如城市內）裡最常被使用的是GPS，在狹域空間（如商店）中近期則以iBeacon的藍芽通訊模式為代表。

　　SoLoMo的說法，最早由美國風險投資人杜爾（John Doerr）於2011年提出。在智慧型行動裝置（如智慧手機、平板電腦，乃至其他穿戴裝置等）普及的今天，SoLoMo代表了聚合於這些裝置的各種社會化、在地化、移動化的可能。而這些可能的聚合，對於企業而言，則隱含著數位時代裡價值創造、溝通與遞送的諸多新機會。

　　譬如騰訊的微信，正企圖透過手機app介面，配合「掃」「搖」「火眼」等功能的實驗與擴大，成為絕大多數互聯網相關行為的輸入與輸出接口。依循著SoLoMo和相關的（第七堂課將細談的）O2O脈絡，騰訊倚靠著微信，在「智慧手機只裝微信就夠用」的想像下跑馬圈地。

雙元的平行世界

　　要掌握SoLoMo概念的精髓，必須先理解如圖5-1所描繪的，SoLoMo情境裡一般智慧型行動裝置使用者，所面對的雙元世界。

圖5-1：SoLoMo的雙元情境

線下社交關係

行動裝置　　　行動裝置
　　　　使用者
使用者

移動軌跡

實體世界場景

※此圖由一個七歲的小女孩所繪，呈現她所理解的成人世界。

　　這個雙元性是這樣的：首先，生活於實體世界，人必然有移動的軌跡，且在每一個當下則處於某一特殊的地理位置，並在這個位置上面對著實體環境和社交情境。其次，只要隨身的智慧型行動裝置一旦被開啓使用，此人便同時生活於線上世界。線上世界同樣有線上移動的軌跡（如時間軸線上各種app的開啓與關閉、網頁的瀏覽等先後順序的紀錄），有當下使用中的線上應用程式（也就是線上的「位置」），透過螢幕感知到該應用程式的環境（如線上遊戲的場景、臉書的時間軸等），另外也面對著那個線上環境裡的社交情境（如遊戲同伴、臉書好友等）。

　　根據這樣的理解，我們來看看兩個創意運用SoLoMo元素，而達到良好價值創造、溝通、遞送效果的例子。

　　第一個例子，是TOYOTA所發行的 TOY TOYOTA 遊戲app。說到車廠發行的app，一般人很自然會想到地圖、景點、里程計算、加油站等實務功能。TOYOTA在這款實驗性的app中，卻不俗地跳脫窠臼。作爲家庭房車的代表品牌，這款app副名爲「後座的駕駛」，設計給汽車後座兒童的線上駕駛遊戲。有趣的是，這款遊戲裡的車行路線／速度，透過GPS的應用，與實體世界裡的車行路線／速度同步相對應。也就是說，如果車子在東京表參道上行進，那麼遊戲裡的車也就在遊戲裡的表參道上前進；車窗外的

TOY TOYOTA介紹短片

重要地標，同時也會以卡通方式出現於遊戲裡的道路旁。在後座玩遊戲的小朋友，操控螢幕裡車子的左右，蒐集螢幕裡道路中出現的各種寶貝以積分。遊戲結果則可透過內建於遊戲的 Twitter 連結供朋友們分享。

表5-2：解析 TOY TOYOTA

	實體世界	數位空間
主要角色	作為駕駛的雙親、作為乘客的兒童	作為遊戲內駕駛者的兒童
互動工具	TOYOTA汽車	手機＋app
情境	駕駛汽車	駕駛遊戲中的汽車
情境需求	提供同車幼兒娛樂，降低其乘車煩躁感	遊戲，打發時間
位置	於城市道路上移動	在對應於實體世界的遊戲中道路上移動
周邊背景	轎車車廂內情景，以及車窗外的城市風景	遊戲介面呈現的虛擬城市街景
社交環境	親子關係	透過Twitter，在線上社交圈散播遊戲結果
移動軌跡	汽車移動路徑	遊戲中的移動軌跡
價值的創造	為車主緩解車內兒童的煩躁、提高車主家庭旅行的「共同感」	
價值的溝通	以符合兒童偏好的遊戲設計，吸引兒童把玩	
價值的遞送	透過虛實地理整合的概念設計遊戲，遞送價值	
成效	強化TOYOTA車主與品牌間的連結，深化TOYOTA作為家庭房車的品牌定位	

第二個例子，是德國狗食品牌Granata的「免費寵物下午茶」活動。這個廠商在一些德國城市遛狗人常帶狗經過的路邊，設置一個形似自動販賣機的自動給食器。飼主帶狗經過機器，不必投幣，只要拿出手機打開Foursquare打卡，機器就會給出一定分量的狗食，免費供飼主帶著的狗兒當場食用。

表5-3：解析 Granata 的「免費寵物下午茶」

	實體世界	數位空間
主要角色	飼主與狗	飼主作為打卡者
互動工具	一同行動的心理連結	手機裡的 Foursquare app
情境	遛狗	嘗新
情境需求	讓狗開心	透過打卡讓狗吃到寵物點心
位置	城市街道	打卡位置的線上顯現
周邊背景	街道旁的硬體設置	Foursquare介面環境
社交環境	飼主寵狗	Foursquare和臉書上的口耳相傳
移動軌跡	遛狗路徑	打卡地點間串成的軌跡
價值的創造	站在飼主的立場，讓其在遛狗過程中免費以狗食表現對愛狗的寵愛	
價值的溝通	運用活動的新奇性造成口碑效應乃至傳媒報導以進行溝通	
價值的遞送	透過飼主熟悉的打卡機制＋實體環境裡硬體的建置，供應狗食	
成效	打造另類「試吃」活動，拉近品牌與飼主間的距離，並自然產生大量口耳相傳的效果	

Granata Pet的寵物下午茶介紹短片

前述的例子，都是以app或打卡機制來進行SoLoMo應用。然而，我們也看到有更多的SoLoMo價值創造、遞送與溝通，同時透過二維碼、無線訊號（又可分為以GPS，以Wi-Fi，以及以Beacon訊號為主的設計）與虛擬實境等技術來進行。

玩轉 SoLoMo

以二維碼為應用主軸

作為二維碼代表的 QR code 最早由日本 Denso Wave 公司於 90 年代中期開發問世。從帶有相機、可掃描二維碼的智慧手機大量流行開始，二維碼面向消費端應用才普及開來。今天，如果運用得宜，二維碼可以看作是一種帶有成本極低、精確度要求低（有相當高程度的容錯限度）、可依附於各種場景等特色，方便將溝通對象由實體世界導向數位情境的圖像入口。

二維碼方面非常有名的經典應用，是南韓 HomePlus 超市2011 年租下地鐵站牆面所開設的「地鐵超市」。在這些牆面，

HomePlus貼上各種商品的彩色照片和標價；候車者無聊候車時面對這些壁面照片，就宛如進到一個簡單的小超市。想購買哪些商品，用智慧手機掃描照片旁的二維碼並確認，就輕鬆完成線上購物程式。這是個以地鐵站為場景，以候車的零碎時間為情境，透過智慧手機所裝app完成的SoLoMo範例。

有趣的是，HomePlus的競爭對手，南韓最大的連鎖超市集團Emart同樣也透過二維碼進行創新的價值創造、遞送與溝通。藉由更大的巧思，Emart所設計的是陽光照射在精致3D裝置上產生的陰影所形成的二維碼。在一次名為Sunny Sale陽光拍賣的大規模活動中，南韓民眾用手機鏡頭讀取這些在正午時分才成型的陰影二維碼，便可下載限時折價券，進到店頭購物兌換。這個以陰影二維碼裝置為場景的噱頭，當然創造出非常大的話題擴散效果。

以GPS為應用主軸

2010年，BMW在瑞典展開一項名為GETAWAY的SoLoMo活動。下載了活動app的參與者，打開app後進到斯德哥爾摩地圖畫面，地圖上某地點標示有Virtual Mini的虛擬氣球。參與者若移動到該虛擬氣球五十公尺距離內，就可透過app「取得」該虛擬氣

南韓Emart的Sunny Sale介紹短片

球。但其他參與者在他們的手機上，也看得到虛擬氣球當下的地理位置，若他們移動到該虛擬氣球五十公尺距離內，同樣可從上一個「擁有者」手中奪下這枚虛擬氣球。遊戲規則：誰能擁有這枚氣球超過一星期，誰就能贏得一輛全新的Mini Cooper。這個活動實際的效果，讓Mini車款在瑞典市場取得108%的銷售成長。

2014年中國十月黃金週假期前後十天的時間，麥當勞客製網站所鑲嵌的百度地圖上，一個個麥當勞門市的金拱門標誌旁，出現了一支支粉紅色霜淇淋。這是個名為「櫻花甜筒跑酷0元搶」的行銷活動，使用移動裝置的消費者進入頁面，後台的百度地圖即透過GPS，計算出她（他）與最近的麥當勞活動門市距離，並給出一個需要快步才趕得及的時間。消費者若在該段短時間內抵達該門市，就可以免費取得一支新上市的櫻花口味甜筒。這個活動在假期間吸引了許多年輕人的注意，創造了逾兩千萬次的頁面造訪，以及逾五十萬次的線上分享。活動的本質，其實是傳統意義下的試吃優惠活動，但麥當勞於此已跨越了傳統紙本優惠券＋實體活動、線上印優惠券、團購等促銷模式，而嘗試SoLoMo社會化行銷。

以Wi-Fi為應用主軸

可口可樂帶給消費者的價值是什麼？一百多年來，可口可樂所創造、溝通和遞送的價值，從最早產品成分帶有緩解文明病「療效」的訴求，到二次大戰期間的美國愛國主義象徵；而近年來這個品牌在全球各市場裡，則多方強調它所代表的分享與歡樂。在數位年代裡，分享與歡樂，除了靠一罐罐褐色氣泡糖水外，還能靠什麼？最近，可口可樂在巴西和南非，都開始於大城市裡試驗性地設置裝有免費Wi-Fi訊號發送裝置的自動販賣機。這件事至少有兩種意義：第一，作為一個分享與歡樂的品牌，可口可樂試著給顧客多元的分享與歡樂可能；第二，可口可樂在為物聯網想像裡的互聯世界，預作暖身準備。

同樣是透過Wi-Fi的SoLoMo布局，中國銀泰百貨近期已建置全場Wi-Fi覆蓋。會員進入銀泰店門，打開手機使用免費Wi-Fi，銀泰後台即根據這名會員過往的消費狀況，進行相關導購或優惠訊息的推送。同時，銀泰與阿里集團合作，打通支付寶錢包「當面付」服務；一旦消費者在銀泰門市內以支付寶支付購物貨款，就能透過支付寶隨即加入成為銀泰電子會員卡會員。

為了鼓勵使用店頭免費Wi-Fi服務，2011年冬天，日本7-11對

於在店內登錄其專屬 Wi-Fi 系統的使用者，每天贈送不同的
AKB48 手機壁紙，且內容天天不同。韓國 Emart 超市，則更積極
地在沒有店點的地方，透過漂浮氣球的裝置，提供免費 Wi-Fi 訊號
和線上折價券，進行 SoLoMo 實驗。

以 Beacon 為應用主軸

　　Beacon 是透過藍芽技術，與附近的智慧型行動裝置進行無線通
訊的一種近鄰系統（Proximity System）。Beacon 所能提供的服務，
受到感測器與裝置空間兩方面的影響。藉由它所進行的 SoLoMo 布
局，因此也必須關照這兩部分。這方面的布局，通常一方面由感測
器掌握顧客的物理位置，另一方面透過裝置空間裡生發的實時數據
分析，進而試圖掌握顧客造訪意圖或心理狀態。因為 Beacon 低耗
電、低成本、適於室內（如賣場）或小區域（如體育場）場景的特
性，一般認為零售業者有可能在可預見的未來透過 Beacon，落實談
論已久的適地性服務（Location-Based Service，LBS）。而適地性
服務的主要意涵，則在於提供更好的使用者體驗。

　　舉例而言，透過 iBeacon（蘋果所開發、註冊的一種 beacon 開
發標準）設置以及相對應的 app 發行，歐洲廉價航空 easyJet 在歐洲

Emart 的漂浮
Flying Store Wi-Fi 介紹短片

某些機場建構「微定位」技術。對該app使用者來說，這個應用提供了登機證、免稅商店優惠、登機時間提醒、現址離登機門距離等機場候機情境裡方便有用的資訊。對於easyJet，此一應用可以掌握check-in之後旅客在機場的動態，理論上可能降低因乘客不準時登機所造成的班機起飛延誤。

　　同樣是公共場所，美國職棒大聯盟多數球隊的主場球場，目前都已裝置了主要可與蘋果系列行動裝置互動的iBeacon系統。這兩年球隊對於在驗票口打開對應行動裝置app簽到進場的觀眾，提供包括賽事即時訊息推送、點餐服務、球迷俱樂部積點等服務。發揮近鄰系統的適地特性，這套系統在球迷們經過某些有歷史意義的位置（如已逝明星球員紀念碑）時，即可播放相關的紀錄短片；球迷落座後，也會推薦鄰近位置更佳的空位訊息，讓有興趣的球迷透過app支付座位價差後完成線上換位程序。

　　台灣的Lamigo桃猿職業棒球隊，2014年球季中也曾短暫以「LamiGirls感謝祭」為主題，實驗性地嘗試透過Beacon技術，開展與球迷互動的「辣蜜從天而降」體驗活動。球賽攻守交替時，透過內有Beacon裝置的幾顆大氣球在觀眾席間滾動，讓行動裝置內已下載相關app的現場球迷，透過手機藍芽接收到鄰近氣球內Beacon裝置的訊號。球迷接收到訊號後，可以至服務台領取

《華爾街日報》對於
舊金山巨人隊球場裡iBeacon設施的報導短片

LamiGirls 3D 列印公仔和數位寫真。

　　至於 SoLoMo 話題最常指向的店頭零售方面，飛利浦曾實驗透過 iBeacon 技術，與零售店鋪合作，搭建店頭智能導購系統。使用者在該系統對應的 app 內先擬妥購物清單，到店頭後 app 螢幕上即秀出依照該清單的店內最適移動路線，並追蹤使用者在店內的移動路徑，給出步行導航建議。此外，根據使用者原擬的清單，提醒可能與該次購物目的有關但漏列的品項，且可以透過 app 即時傳送折價券。

　　在中國，類似的企圖則有銀泰百貨與阿里集團旗下「淘點點」的實驗性合作。這個活動讓消費者步入杭州銀泰城後，只要打開手機上的藍芽裝置，就能在 Beacon 信號範圍（半徑約 50 公尺內）收到資訊，並藉由同樣屬於阿里系的高德地圖服務，取得精細的室內導航。配合上阿里系應用普遍的支付寶，這個布局展現的是從線上服務展示、線下體驗、線下導航、購物支付到會員管理一氣呵成的企圖。

以擴增實境為應用主軸

虛擬實境（virtual reality，VR）透過電腦與輔助設備，在技術端所謂3I（immersion, interaction, imagination：沉浸—互動—想像）原則的導引下，提供使用者一個在視覺、聽覺，乃至嗅覺、觸覺方面感受如親歷其境的模擬場域。至於擴增實境（augmented reality，AR），則常以攝影機影像為核心，透過實時計算，藉由螢幕上虛擬實境與現實影像的重疊，讓使用者進行多元互動。

透過 iPhone 鏡頭與擴增實境技術，2010 年日本電通推出 iPhone app「iButterfly」。各地使用者打開這個app，相機模式即出現，同時螢幕上會出現虛擬蝴蝶舞動著。使用者拿著手機「抓」蝴蝶，抓到後可與朋友分享也可以蒐集成冊。而那些螢幕上舞動翅膀的蝴蝶，其實是 coupon 的化身，因此使用者可以拿抓到的「蝴蝶」在合作商家兌換抵用。

擴增實境可以與適地服務應用結合（譬如地圖上或實景上的擴增應用），也可以與地緣無關地存在。譬如 Aurasma 的協力廠商技術提供者，目前已透過 app 提供簡易服務，讓任何想嘗試擴增實境的智慧手機使用者自行構作擴增實境。簡單地說，使用者透過這個 app 上傳「觸發圖片」和「疊加影像」（可以是圖片

關於擴增實境的一段 TED 展演影片

或影片），即可開始製作一個名為 aura 的擴增實境場景。製作完成後，任何裝有同樣一個 app 的使用者，如果鏡頭掃描到該「觸發圖片」，則「疊加影像」也會同時疊加播放。這裡的「觸發圖片」，可以是一張名片、餐廳裡的一份菜單、雜誌上的一頁、一份產品使用說明書……等。

以移動支付為應用主軸

線上支付服務 Square，讓商家透過智慧手機的耳機插槽連接讀卡器（硬體本身，讀磁條者免費，讀晶片者則自 2014 年底開始收費 29 美元），向接受此支付模式的商家收取 2.75% 的手續費（其中部分給信用卡公司）。消費者端的 Pay with Square 服務，加上地理辨識的 geofencing 功能，讓消費者知道近距離內有哪些店家接受 Square 支付。而使用者若入店消費，店家直接將帳款傳送向 Sqaure 綁定信用卡請求支付，經過顧客在智慧手機上確認，即完成付款。

除了單純經濟意義上的支付外，若要說明移動支付中符合 SoLoMo 邏輯的「社群」元素，則可以把目光放在不斷玩新花樣的支付寶錢包上。支付寶錢包的社群支付功能，又可分為遠場與

Square 支付的廣告短片

近場兩類。遠場如「親密付」，打開便有「愛人購物我來支付」「孩子購物我來買單」等項目，提供使用者設定，代替他人進行支付的月額度。支付寶錢包的近場支付，如利用手機發出高頻聲波與鄰近手機溝通的「當面付」，以及一群人分擔餐費時非常好用的「AA收款」等。

以硬體裝置連上社交平台為應用主軸

荷蘭平價連鎖服飾店C&A，在巴西的門市中，試著將部分傳統展場的衣架置換為電子衣架。當地的C&A臉書上，同時展示電子衣架上所掛吊的當季服飾。粉絲們瀏覽粉絲頁上展示的當季服飾，看到喜歡的便在線上按「讚」。店頭的各電子衣架，則同步顯示懸掛商品的累積被按讚次數。

連結臉書的巴西C&A衣架簡介短片

圖5-2：SoLoMo的操作可能

第六堂課
電商面面觀

要看懂數位經濟，
必須抗拒人性對於「確定感」的偏好，
接受「變」的常態，
理解不斷實驗的必要性與必然性。

包羅萬象的電子商務

　　幾年前，富士康曾經營線上購物平台「飛虎樂購」（efeihu.com），企圖成為「電商巨頭」，但實際營運狀況並不理想。目前這個購物平台，主要面向富士康內部員工經營。晚近，富士康結束了曾經在中國「618電商大促」中替旗下電視品牌「富可視」（InFocus）售出佳績的天貓自營商店，轉而將資源投注於旗下「自營B2C＋平台」模式（接近京東、一號店和蘇寧易購模式）的新電商網站「富連網」（flnet.com）。

　　同樣是最近，1884年開業，服飾販售起家，在英國境內有超過七百個門市的瑪莎百貨，向外宣告未來將不再在英國開設新的大型百貨據點。管理階層規畫改以線上零售的深化經營，帶領未來英國境內瑪莎的業績成長。

　　從這兩個南轅北轍的例子裡，我們不難看出：隨著數位時代的來臨，各個市場裡電子商務飛快發展，無論原生背景為何，許多企業都想藉由涉獵電子商務，以追逐消費習慣的遷移、迎接市場版圖的變動、趕上時代。

　　透過網路而進行的電子商務活動，自從網路的商業應用隨著

富士康的富連網首頁

圖形顯示的瀏覽器（早期如 Mosaic、Netscape 等）開始擴散起，發展迄今已約二十年的時間。期間，所謂電子商務，觸角涵蓋了 B2B、B2C、C2C 等方面，另外也有以交易品類集中程度而分的「垂直電商」（集中經營少數品類的電子商務活動）與「水平電商」（同時經營較多品類的電子商務活動）等歸類。這些在今日的商界，都已成常識，此處不再贅述。

如果涵蓋廣遠地將電子商務「包羅萬象」的現代意義立體描繪，那麼表6-1會是一個很方便的出發點。

表6-1聚焦在一端是組織型態行銷者，另一端是顧客的典型市場交易狀態。在網際網路商業化與電子商務拓展了大約二十年的今日，這樣的市場交易狀態可區分為一系列不同的情境，而這些情境則由三個商務變項組合界定。

第一個變項，是行銷者的原生背景。這個變項分為兩類：數位原生（如亞馬遜）與傳統背景（如沃爾瑪）。

第二個變項，是行銷者本身經營的主要業務項目。這個變項分為四類：實體產品（如3C用品、紙本書籍）、傳統服務（如美甲、餐廳）、數位產品（如電子書檔案、音樂電子檔）、數位服務（如影音串流、線上叫車）。

第三個變項，是交易主體的成交場景，分為線上、線下與混

合等三類。

在這三個變項的相互交織下，表6-1列出12種較常見的商業型態。如表最左邊一欄所示，這些型態又可粗分為四類：

A類，是在人類歷史裡已發展長久的傳統商業型態。

B類，是一般所謂的電子商務。

C類，是以線上雙邊平台為基礎，所提供的各種數位服務。

D類，是近年來常被討論的O2O商務型態。

在這樣的分類架構下，狹義的電子商務，指涉的是表中的B類。然而如本書隨後所將闡述的，隨著各種圍繞著網際網路的商業模式一一迸現，現代意義的電子商務涵蓋廣遠，除B類外，同時也包含C類與D類。

表6-1：四大類商務型態

	原生背景	核心產品/服務	交易場景	主要型態	舉例
A1	傳統	實體產品	線下	實體店鋪	百貨公司、商城、便利店
A2	傳統	傳統服務	線下	寄託於特定場所的服務	餐廳、旅館、客貨運輸
A3	傳統	數位產品	線下	金融、旅遊票務等服務	銀行存放款業務、訂房、訂機票
B1	數位	實體產品	線上	網路原生的零售電商	如Amazon.com販售CD

B2	傳統	實體產品	線上	實體店鋪 衍生的零售電商	如沃爾瑪.com販售CD
C1	數位	數位產品	線上	聚焦於數位產品的 線上平台	如Amazon.com的電子 書平台
C2	傳統	數位產品	線上	聚焦於數位產品的 線上平台	如沃爾瑪.com提供音樂 下載平台
C3	數位	數位服務	線下	線上撮合 線下服務平台	如Uber叫車、Airbnb租 房服務
C4	傳統	數位服務	線下	線上撮合線下 服務平台	如台灣大車隊的app
D1	數位	傳統服務	混合	原生電商協助實體 店鋪：集客型O2O	如團購
D2	數位	傳統服務	線下	實體店鋪透過網 路：集客型O2O	如中國的雕爺牛腩餐廳
D3	數位	實體產品	混合	原生電商透過實體 店鋪：協力型O2O	如京東藉便利店完成 「最後一哩」

電子商務的綜合維他命

分析力

無論是狹義或廣義的電子商務，商務活動進行中所蒐集到的

數據量，都較傳統商務活動多出非常多。就微觀層面而言，使用者每一個線上行為單位（鍵盤按鍵、滑鼠點選等）與該單位生發的背景，都會被詳實記錄。這些微觀行為的匯聚，自然就成為近期各界夸夸談之的「大數據」基礎。有了過去無法想像的豐富數據，對經營者而言最大的挑戰是如何從數據裡挖寶，運用數據協助價值的創造、溝通與遞送。然而，大數據的夢想與現實間，距離不可以道里計；夢想的實現，則需要從蹲馬步開始按部就班的苦練與積累。

展店力

傳統商務上，每開設一個新的營業據點，隨著便會產生包括租金、水電、人事、裝修、設備等一系列成本。如果能認識數位環境可提供的價值遞送槓桿，善加運用的話，就可能透過既有場所引入數位擴增服務（如統一超商的ibon機）、狹義電子商務的建構、雙邊數位平台的搭設或應用，乃至O2O布局等措施，事半功倍地在數位空間裡進行成本較低、效益較大的各種「展店」動作。

商品力

　　傳統零售強調在有限的實體空間裡，透過暢銷商品的選擇與陳列，創造最大坪效。相對地，數位領域在商品陳列空間方面並無限制；因此十餘年前，商品陳列的「長尾」開始被討論。但較少受人注意的，是誰在買長尾商品這件事。根據各種數據顯示，熱銷商品會吸引到各種類型的購買者，而長尾商品則由涉入較深、較廣的重度購買者所購買。在這樣的背景下，電商的經營，一方面需要確保能同時掌握其他通路模式上的熱銷產品貨源並壯大議價能力，另一方面則宜有策略性的長尾商品布局，以照顧不同的客群需求。

溝通力

　　傳統零售強調的經營不二法則是「Location, Location, Location」（地點、地點、地點）。會這麼說，是因為設店位址決定了有效客流量，而有效客流量（透過有效的溝通）則決定了營業額。進到電子商務領域，實體乃至數位的位址當然不再是競爭的關鍵，此時傳統的「位址引入客源、店內溝通促成交」邏輯便

不再適用。在數位空間裡，以交易為目標的電商經營，重點便在透過各種溝通平台吸引有效客流，而後藉由可完全掌控設計的域內溝通來促成交易。在這樣的意義下，電商經營的關鍵邏輯便成為「域外溝通引流→域內溝通促成交」。

虛實大不同

服務樣態

　　傳統的服務提供，常被區分為與顧客直接接觸的前場，以及不與顧客直接接觸但支援整個服務遞送的後場。在過去服務管理的探討中，更是將服務的提供看成一齣戲，有前述的前台與後台、訓練過的演員（服務人員）、操持一定的腳本與台詞（服務的 SOP）等。至於傳統上難以捉摸的服務品質，學界曾發展出所謂的 SERVQUAL 架構，以「有形性」「可靠性」「即時性」「信賴感」「關懷感」等五個面向加以衡量。表6-2就這五個顧客感知的面向，比較傳統服務與廣義電子商務服務的差異。

表6-2：傳統與數位環境的商務活動對照

管理重點	傳統服務	廣義電子商務服務
有形性	每天固定時間上戲，仰仗合適的「道具」與「布景」以烘托服務的品質	在數位空間中24小時不下戲，仰仗良好的顧客體驗提供以烘托服務的品質
可靠性	以人員服務為管理重點	以流程規畫，完善軟體＋硬體＋人員的服務提供
即時性	以人員臨場反應為管理重點	強調多元載具聯合提供即時、即地的無縫接軌服務
信賴感	以人員服務奠基品牌信賴感	以虛實整合的顧客體驗奠基品牌信賴感
關懷感	以人員服務為管理重點	以理解數位使用者需求、不斷優化的顧客體驗提供為管理重點

成本結構

　　傳統的商業活動，版圖成長所產生的成本（例如新開店所需支應的店租金、水電、人事）大體上與成長幅度相應，密切隨著成長幅度而變動。相對地，數位經營擴充所需的成本，未必與擴充幅度呈線性關係。相較之下，就同類商業活動而言，傳統經營

的成本結構在這個意義下，變動成本相對高，而就任一特定階段內而言，數位經營的固定成本相對比重通常較高。數位槓桿的實現可能，若從財務面詮釋，便來自此一成本結構特色下，透過數位經營掌握每一新客、照顧每一舊客的較低邊際成本。

競爭環境

不同地理市場裡的競爭環境大相逕庭。如果比較美、中兩國的狹義電子商務活動，則美國名列前茅的電商零售者，除Amazon.com與eBay.com外，幾乎都是大型傳統原生零售業者的天下。相對而言，中國市場裡的狹義電商領先群，除蘇寧易購外，都是網路原生的企業。此外，因爲服務網絡完備細致的程度大不同，導致交易成本的算計有別，因此網購產品的送貨服務，在美國始終由專業快遞公司把關；但在中國，「自建物流」卻是大型電商發展過程迄今必須應付的門檻。這些差異，都與中國跳蛙式的經濟發展歷程有關。

經營快速變動的數字競爭環境，到處充斥破壞性創新的火苗。隨著各平台間由相互爭奪客源的「包覆」與「反包覆」，擴展至整合多平台的「生態圈」戰略布局與競爭，傳統商業思考裡

產業疆域的概念，在數字環境中意義已愈來愈小。

他們統統都猜錯：電商相關迷思

多年來，常碰到對於數位經營、電子商務有興趣的各方人士，在媒體報導新經濟諸多故事浮光掠影的引導下，對於電子商務經營有著形形色色的迷思。接著，我們來討論其中一些最常見的迷思。

所有位子都被占據了，後進者已無空間？

要看懂數位經濟，必須抗拒人性心理對於「確定感」「恆常感」的偏好，接受「變」的常態。在無時不變的數位場域裡，後進者所帶來的破壞性創新隨處迸現，機會一直都不缺；缺的，通常是創業必備的視野、想像力與披荊斬棘的決心。當然，另一個關鍵因素是無人能測，商學院通常假裝它不存在，但在新舊經濟裡都影響成敗甚巨的機運。

戰場是平的，人人都可分杯羹？

這是90年代中期網路商用化開始時較爲流行的烏托邦圖像，正好與前一種悲觀想法形成兩種極端。雖然數位經濟裡機會無處不在，但機會只留給有準備的人。要運用數位槓桿，還是得以前面提到的分析力、商品力、展店力、溝通力作支點。此外，無論如何運用數位槓桿，由人所構成的商業情境仍受商場中的重力法則所限制（例如財務面現金流的重要性、行銷面高市占率的優勢、人資面員工滿意決定顧客滿意……等）。

價格是競爭利器，同商品的售價差異在網上大幅減少？

這同樣是90年代中期網路商業化開始時即流行的想像。這二十年來，學界不斷針對此一命題進行各種實證，結論大抵是：對於某些標準化商品而言，同一地理市場中的線上售價分布範圍的確較線下來得窄，但價格收斂程度有限。也就是說，線上同品不同價的價格差異性，事實上比一般想像爲大。這背後的原因，與各平台差異化的服務，以及用戶慣用特定服務後的被鎖定效果（locked-in effect）有關。

類比時代的經營經驗很重要？

在動態變化不居的數位情境裡，因為用戶習慣、競爭環境、核心能耐等關鍵環節的差異，類比時代的經營假設與邏輯常不合用。過去不少線下原生的企業，面對數位挑戰時，把線上經營只當作是另一種通路，想當然爾地複製傳統經驗，十之八九因此無法成事。

線下的客源可以順利移轉到線上？

這是個看似自然實則誤導的迷思。即便據北美零售龍頭位置逾三十年的沃爾瑪，在線上的競爭裡仍不敵數位原生的 Amazon.com。再如市場中的書籍販售，實體連鎖書店的龍頭業者，在線上書籍銷售方面都難以稱王。很明顯地，線下所經營的客戶群，現實上並不容易就直接移轉為線上客戶群。一方面是因為實體業界龍頭往往非線上相關業務的先行者，因而喪失線上業務的先進者優勢；另一方面，實體店點的經營其實隱含著與線上業務的水平式通路衝突。在實體龍頭僅能投注部分資源與注意於線上的情況下，它們所提供的線上體驗與服務細致程度，也往往遜於完全對

焦於線上的網路原生業者。

集中資源，服務少數高貢獻度顧客？

　　這個看似簡單的命題，其實是一個流傳已久，而在數位經營方面尤其不切實際的迷思。90年代初期，西方系統業者大力鼓吹CRM，相關的產業顧問因此高舉80／20法則的旗幟作為銷售說帖。流風所及，很多企業人士逐漸把「80／20」此一敘述性的事實（「多數利潤由少數顧客所創造」）誤認為是規範性的目標（「應該集中資源來服務高價值的顧客」）。這種思考，通常迷信系統業者所提供的黑盒子般分析系統，可以有效預測未來最有價值的顧客。然而實證上，學界已多所證明未來有價值顧客的不可預測性。另外，尤其在數位環境中，由於前述顧客經營的低邊際成本，欲強以不可能高度準確的預測，去灌注資源於少數的高價值顧客身上，其實相當不智。

成功有方程式可循，可以複製？

　　這恐怕是數位經營方面最為常見的迷思。在不同的課堂上，

從躍躍欲試想參加各種家家酒式商業競賽的大學生，到舊經濟出身卓然有成的企業人士，對於數位經營種種，最有興趣的往往是「成功典範」的故事。再怎麼提醒數位環境的變動不居、機會之窗的稍縱即逝、典範最多僅供歷史意義的參考，多數人仍無法接受數位世界裡真的是「過了那村，就沒那店」的事實。除非親身投入，局外人也難理解數位經營上不斷實驗的必要性與必然性。

你學不會的亞馬遜

要談電子商務，就一定避不開這個領域裡的龐然巨獸：亞馬遜。但是，亞馬遜同時也是讓傳統的企業家、投資人都很難理解的企業。十幾年來，它的營收持續飛速成長，在各國各領域不斷展業，鮮少獲利卻有相當高的股價。

數位時代的經營成功之道，沒有公式可循；何況亞馬遜算不算「成功」，恐怕仍是個沒有定論的話題。然而，要看懂電商之道，我們避不開亞馬遜——畢竟在過去二十年左右的時間裡，它一步一腳印地示範了以數位槓桿突破傳統藩籬的可行性，驗證了電子商務顛覆傳統模式的各種可能。

遇到談電子商務的課堂，我常請學員上亞馬遜官網，進到裡頭的投資人關係專區。從甫上市的 1997 年起，每一年隨著年報的公

開，創辦人貝佐斯還會另發一封給股東的公開信，闡述他掌舵亞馬遜的理念。私見是，若要找電商相關的書籍讀，大可先從網站上下載 1997 年迄今歷年的這一封信。順著時間的脈絡，細細讀通了，應比讀坊間一堆關於電商要怎麼做、電商掌舵者豐功偉業的書，還要受用許多。

接下來，我們就從各種角度，透過歷年信中切出的一些樣本，來看看亞馬遜之所以是亞馬遜的獨特之處。

企業文化：擁抱顧客＋創新

從 1997 年開始，每一年貝佐斯給股東的信，都反覆地提醒股東，亞馬遜有「擁抱顧客」與「積極創新」的企業文化。

關於擁抱顧客的企業文化，2012 年的信裡，提及亞馬遜公司經營業務的動力來源，來自於為顧客創造驚喜，而非竭盡所能去超越競爭對手。在這樣的基調下，貝佐斯強調以客為尊的精神，才是亞馬遜企業文化的核心要素。

關於積極創新的企業文化，2006 年的信中，貝佐斯提及，亞馬遜的許多員工，都有過一些由千萬元級的亞馬遜種子投資開始，而茁壯為以數十億、數百億元計事業的經歷。這些一手經驗與企業

文化的浸淫，常成為亞馬遜新創事業能成功的關鍵因素。除此之外，亞馬遜一直都要求任何的新事業，都必須有高度潛力、必須夠創新，也必須夠與眾不同。

堅持顧客導向的營運策略

無論是演講、採訪或文件上，貝佐斯常反覆強調「obsessed by customers」這個亞馬遜企業文化裡的核心價值。用學術點的語彙來詮釋，這就叫「顧客導向」。

在亞馬遜發展歷史的相對早期，貝佐斯即標榜要將亞馬遜打造成一家全世界最以顧客為中心的企業。譬如在 1999 年的信中，他提到要建構亞馬遜成為一個顧客想在網路上找任何東西時都會想到的處所。為了此一目的，亞馬遜將傾聽顧客心聲、為了顧客而創新、為每一位顧客客製他們看到的亞馬遜店面，藉此種種去贏取顧客信任。

在 2012 年那封信中，貝佐斯指出顧客導向的概念與與發明創新間的關聯。他提到，亞馬遜以客為尊的結果，激發出主動積極性。也就是說，亞馬遜不會等待外界的壓力，而會在需要出現之前，自動自發地要求自己改良服務，提供額外的優點與功能以服務

顧客。譬如，亞馬遜會在顧客提出需要之前，主動降低售價，並且為顧客增加價值。亞馬遜也會在市場需要具體成形之前，就先進行發明。而這些努力，信中明白提到，都是受到以客為尊的精神所驅使，而非因應競爭對手所採取的措施。

在商言商，顧客導向對於亞馬遜的意義，言簡意賅地說是這樣的：「簡單地說，對顧客有好處的事，終究也會對股東有好處。」（2001年的信）

不斷提升顧客體驗

不斷提升顧客體驗，是為了以自我超越取代被其他對手超越。1998年，貝佐斯在信中表示，他三不五時提醒員工們：要警醒、要懼怕──不是懼怕亞馬遜的競爭對手，而是懼怕亞馬遜的顧客。他認為亞馬遜的一切成就都是顧客賜予的，因此亞馬遜有絕對的義務去經營與其衣食父母間的關係，提供良好的體驗。

在2001年的信中，亞馬遜顧客體驗的三個支柱被明確地標示出來。它們分別是：豐富的商品、便利的服務、低廉的價格。

提升顧客體驗，同時也是「擁抱顧客」口號的落實。而擁抱顧客，對於貝佐斯而言，長期來說就是個企業、顧客雙贏的場面。

2003 年的信裡，他回顧 1995 年亞馬遜開站後不久，就開始讓顧客在線上對於購買商品給予評價。這樣一件現在被認為是亞馬遜理所當然的事，當初讓一些貨主覺得亞馬遜搞不清楚自己在幹什麼。彼時他們無法理解，亞馬遜靠賣東西賺錢，為什麼還要容許負面評論來干擾商品販售呢？對於當年的那些質疑，老神在在的貝佐斯在信中明白地表示，他當然知道負面評價可能讓一個本想購買某一商品的顧客卻步，也因此減少亞馬遜的短期收入，但他相信藉由各種評價幫助顧客做出更適當的購買決策，讓顧客願意不斷回到亞馬遜瀏覽、購物，長期而言對於亞馬遜是利大於弊的。

此外，顧客體驗這件事，在亞馬遜實實在在地被縝密管理著。貝佐斯 2009 年的信，讓眾人一窺亞馬遜的執著與認真。信裡頭，他提及亞馬遜每年從秋天開始規畫下一年度的目標，在新年前後的購物高峰結束後具體制訂。這是個漫長、注重細節卻也充滿生氣的過程。由於對於顧客體驗，亞馬遜有不斷提升的急迫感，因此便靠著規畫年度目標的過程，幫助亞馬遜落實這件大事。他表示，當年亞馬遜一共有 452 個詳細目標，而一旦回顧清點這些目標，便能清楚亞馬遜如何拿捏事情的輕重：

452 個目標中，有 360 個會直接影響到顧客體驗。

「營收」這詞彙僅被用了 8 次，「自由現金流」僅用了 4 次。

452個目標中，「淨收入」「利潤」等字眼從未出現過。

將訂價策略融入顧客體驗中

既然從2001年起，價格被亞馬遜明確地納為顧客體驗的一環，那麼價格策略當然就跟顧客導向緊密連結在一起。2003年的信裡，貝佐斯詮釋這樣的信念時，說明亞馬遜的價格策略並不把利潤率的極大化當作經營重點，而是奉幫顧客進行長期價值的最大化為圭臬。他相信這麼做，長期而言可以幫助營收不斷擴大。

2008年信中，進一步引申這樣的哲學。貝佐斯在信中說明其訂價目標，是獲取顧客的最大信任，而非追求短期利潤的最大化。他衷心相信，靠著每件售出物品少賺些，但亞馬遜將持續贏得顧客信任，顧客因此買得更多。

積極追求成長與規模的商業模式

用一句話來描述亞馬遜（以及多數電商企業）理想中的商業模式，是這樣的：「我們很幸運地受惠於一個偏好現金、有高度資本

效率的商業模式」。（1998年的信）

在這樣的商業模式下，數大就是美，規模經濟和營運經驗相輔相成。1999年的信，說明亞馬遜平台由品牌、顧客、技術、配送能力、電商知識、創新團隊和服務顧客的熱忱組成。到該年為止，這個平台已到了一個引爆點，讓亞馬遜能夠比其他企業更快地創發新電商項目、更好地提供顧客體驗、保持更低的邊際成本、掌握更高的成功機率、並且更容易地擴充與獲利。

至於此一模式在成本端的竅門，貝佐斯在2001年信中解釋得相當清楚。他指出，在營運上，亞馬遜有個非常引人但又不被理解的特性。人們一方面知道亞馬遜一心一意要提供世界上最好的客戶體驗，另一方面也了解到亞馬遜的低價策略；但不少人看不懂這兩件事如何有辦法湊到一塊。傳統的實體店商，一直以來必須在高顧客體驗與低價之間進行取捨。亞馬遜怎麼把這兩件看來相矛盾的事一次搞定呢？貝佐斯說，答案在於亞馬遜將包含缺補貨處理、詳細商品訊息提供、客製化推薦和其他林林總總的新程式功能，都轉化為大致上是固定的（程式化服務的）費用。因此，客服體驗成本基本上是固定的，而這項成本在總成本中的比重隨著事業的擴展而快速減少。在這樣的意義上，亞馬遜其實比較像是個出版模式（publishing model），而非一個零售模式（retailing model）。此

外，例如出貨、物流等顧客體驗相關服務成本的變動項目，在亞馬遜的操作模式中也因錯誤的不斷降低而達到成本端的不斷節省。

鎖定顧客需求的創新策略

至於成長的來源，亞馬遜很清楚地依從以顧客＋創新為核心思考的企業文化，著眼於長期而非短期的收穫。2008 年的信裡，貝佐斯寫道，看長不看短，讓亞馬遜集中力氣去嘗試眼前想不到的新事物。而這樣的習慣也支持亞馬遜去探索、去面對創新所需要的失敗與迭代。他表示，如果只埋首於追逐眼前的好處，人們通常會發現自己和一堆有相同目標的人擠在一塊兒。然而長期導向的思考，則和亞馬遜們對於顧客的執著緊密貼合。如果亞馬遜辨識出一項顧客需求，且確定該需求是持久而有意義的，亞馬遜的模式將允許其花費多年的時間耐心地開發出一項解決方案。這種從顧客需求滿足的結果「向後開發」的型態，與一般企業透過既有技能以追逐商業機會的「技術延伸」型態，形成鮮明對比。「技術延伸」型態的思考是：「我們對於 X 非常在行。那麼，X 還能幫我們幹什麼？」這當然是種有用的思考模式，但貝佐斯認為，如果全靠這種模式來思

考，那麼企業將永遠無法累積新的技能，而既有技能終有一天也會過時。相對地，從顧客需求出發的「向後開發」思考模式，常需要亞馬遜花不少力氣去獲取一些新本事，氣喘吁吁才邁得出第一步，但也終究幫助亞馬遜結出繁花異果。

這樣意義下的創新，強調的當然不是「好還要更好」，而是「跳脫窠臼」。貝佐斯 2007 年時在信裡回顧指出，亞馬遜並不企圖去複製實體書店，而是積極去找出哪些事是只有新媒介辦得到，傳統方式做不來的。因此，雖然亞馬遜無法提供作者在每本書上親筆簽名，也沒辦法提供一個顧客可以舒服地坐下、啜飲咖啡的書香園地，然而亞馬遜始終戮力提供只有新媒體才有辦法提供的服務。例如透過讀者線上評論輔佐顧客購買、給出「買這項商品的顧客同時也購買……」這樣的提示與推薦等等，亞馬遜自開辦起陸續開發出一長串面向顧客、對顧客有極大價值的新服務。

跳脫窠臼，就可能改變過去的現實，創發新的現實。這碼事可能是種本能、可能也是亞馬遜基因的獨到之處：「沒有任何其他事比『創發新現實』（reinventing normal）——創發顧客喜歡且因此調整他們對於『現實』這件事的認知——來得讓我們更感愉悅的了」。（2013 年的信）

在這樣的創新過程中，一如所有搏出些成績的新經濟企業，必

然認識到失敗與迭代實驗的重要性：「失敗是發明創新過程中必然的產物，而非選項。我們理解並且相信創新過程中早期失敗與迭代實驗修正的重要性」。（2013年的信）

同時，也理解航海總會遭逢逆風：「發明創造是個繁瑣的過程。時間一久，我們多少也會在某些大賭注上栽跟頭。」（2013年的信）

創新的人力資源管理

不要忘了，電子商務是觸了電的商務，其本質還是商務，而商務終需以人為核心來推動。因此，亞馬遜把創新精神同時運用於人力資源管理上。這方面的獨到之處，2013年信裡貝佐斯舉了幾個可供參考的例子：

（1）「生涯選擇」（Career Choice）是一項教育贊助計畫。亞馬遜的員工，若在外修習任何像是航空器機械學乃至護理學等市場上有實際需求的課程，不論這樣的學習當下對於亞馬遜有無用處，都會獲得公司預先補助95％的學費。貝佐斯表示這樣做，是為了讓員工有所選擇、選擇成真。他提到，對於像發貨中心裡的若干

員工而言，在亞馬遜工作是一個長期的職涯選擇；但是對於同一工作場所的另外一群員工來說，亞馬遜常是通往其他需要專業訓練工作的墊腳石。這方面，亞馬遜樂意成全。

（2）「有給退職」（Pay to Quit）是一項由亞馬遜併於旗下的 Zappos 開始的做法。概念很簡單，一年一度，亞馬遜讓員工選擇是否要拿錢走人。第一年，若不幹了走人，能拿 2000 元美金；第二年則是 3000 元；一直到 5000 元為止。在這項措施的說明文件上，標題是：「請不要接受這件事」（Please Don't Take This Offer）。貝佐斯指出，亞馬遜透過這件事，讓員工們至少能片刻思考一下，到底自己想要的是什麼。無論如何，一個心不在此的員工留在亞馬遜，對員工和對公司而言，都不是好事。

（3）「虛擬客服中心」（Virtual Contact Center）。在此一項目底下，員工們從家裡而不是從客服中心提供客戶支援服務。當然，對於有幼童在家或其他因素想在家工作的員工，這樣的彈性是再理想不過的了。

重數據分析，但不為數據分析所役

「大數據」概念在商業上最理想的溫床，就是電商。全世界也

沒幾家企業，比亞馬遜有更強的數據儲存、分析、運用能力。但是真的懂得大數據的用處與限制者如亞馬遜，絕不會把「大數據」當作萬靈仙丹。亞馬遜在這方面相當清楚，數據畢竟是死的，重大決策終究得靠人來做成。

2005 年的信裡提到，根據數學運算所制定的決策，通常較能取得共識。相對地，根據判斷所制定的決策，往往較具有爭議性（至少在付諸實行及驗證之前）。然而任何機構若不願意承受意見衝突，其決策模式就可能被限制在數字所指的方向。亞馬遜根據對於數據的長期接觸，理解到局限於數字指引的決策雖能減少爭議，但卻也大幅壓抑了創新性，並不利於企業長期價值的創造。

專注於現金流，不在乎短期股價變動

華爾街出身的貝佐斯，有一套輕忽帳面盈餘、聚焦現金流的獨特財務觀點。近年來，在新經濟以顧客導向為主軸的經營裡，華爾街和矽谷基本上已認同這種觀點的適用性。

為什麼專注於現金流呢？2001 年信裡說明：因為公司所發行的每一股股票，承擔著的是這家公司未來的現金流的折現。也因此，現金流比其他任何財務指標更能解釋一家公司的長期股價水

準。在這樣的邏輯下，如果你能確切掌握企業未來的現金流量與其流通在外股數，應該就能適切地評估這家企業現在的合理股價。

至於為什麼不聚焦於利潤、每股盈餘或者盈餘成長呢？2004年貝佐斯在信裡是這樣解釋的：簡單地說，帳面上的盈餘並無法直接轉為現金流；股價代表的是長期現金流的折現值，而非未來盈餘的折現值。未來的盈餘當然會是未來每股現金流的一部分，但不是其中唯一重要的部分。

作為上市企業，股價難免波動劇烈。貝佐斯在這方面的見解，看來和巴菲特等價值投資者英雄所見略同。2000年網路泡沫破滅後，亞馬遜股價一落千丈，貝佐斯當年信裡提及，他相信投資大師葛拉漢（Benjamin Graham）所言，短期裡股票市場就像是一台投票機（voting machine），但長期而言它則是一台秤重機（weighing machine）。他同時告訴股東，在1999年的多頭行情中，大家爭的是票選，而非秤重；然而亞馬遜是一家希望被衡量有幾斤重的公司。彼時他信誓旦旦地表示，隨著時間過去，潮起潮落，亞馬遜將會被重新衡量、如實秤重。他相信長期而言，所有的企業都會被公平衡量。在那個泡沫破滅的年代裡，貝佐斯也宣告，無論如何風雨飄搖，亞馬遜仍將埋頭苦幹，努力去打造一家重量級的企業。

　　那時信裡他這麼說。十多年後的今天驗證，其言不虛。

認清電商經營的本質

　　歷年給投資人的信裡，貝佐斯也描繪出他所理解的，事實上也確實適用於多數電商的電商經營本質。

　　關於電商的成本結構及其意涵，在2000年的信中，他認為線上銷售（相對於傳統零售）是一種高固定成本與相對低變動成本的經濟規模事業，這種特質讓電子商務公司難以固守中型規模。

　　關於技術方面的發展與亞馬遜經營哲學間的關聯，2010的信中，貝佐斯揭示服務導向的架構（service-oriented architecture，SOA）是整個亞馬遜應用技術的關鍵所在。在此架構下，亞馬遜的所有團隊、所有流程、相關的決策、新事業的創發，全都有高度的技術含量。信裡他同時也提醒對於這部分興趣缺缺的股東：「技術的存在不為技術故，技術導引自由現金流」。

吾道一以貫之

　　如果你真的接受前面的建議，到亞馬遜網站下載歷年給投資人的公開信，你將會發現打從 1998 年起，每一年的信後頭，貝佐斯都會再附上 1997 年他的第一封信。將近 20 年，他以這樣的動作持續證明，無論環境如何變遷、亞馬遜如何壯大，亞馬遜始終未改初衷。

亞馬遜貝佐斯歷年給股東
公開信的官方下載處

第七堂課

看懂 O2O

隨著網上訂購迅速成長，
電子商務將取代傳統零售？
傳統企業該如何因應？
O2O將是能創造雙贏的核心關鍵。

我說的電商，和你做的電商不一樣

　　面向消費者，依託著快遞、郵務公司，運送顧客網上訂購商品的B2C電子商務，過去二十年間在全球各個市場中快速成長。2012年年底，王健林和馬雲兩人在公開場合有一場著名的「一億對賭」。作為中國商業地產龍頭掌舵者的王健林，面對身旁馬雲所謂電商將「基本取代」傳統零售行業的說法非常不以為然，當下對眾人宣稱，到了2022年，「如果電商在中國零售市場，整個大零售市場分額占了50%，我給他一個億；如果沒到呢，他還我一個億」。

　　幾個月後，傳出消息說這場對賭只是開個玩笑，不算數。再隔沒多久，2014年夏天，王健林的萬達集團和騰訊、百度聯手，成立初期資本額「萬達電商」，萬達方面占股70%。

　　要看清這件事的轉折，要先理解萬達電商背後的「電商」概念，和阿里巴巴集團已卓有成就的「電商」模式，是非常不同的兩件事。2012年對賭時，兩人所共同指涉的電商，是以實體商品為主體，需要靠快遞貨運以完成價值遞送任務的狹義電商。至於2014年「萬達電商」的電商，則以萬達本業的商業地產為焦點，

在地服務為主體，走的不是傳統狹義電商的路，核心概念則是我們要討論的O2O。

何謂O2O？

2010年，創業家藍貝爾（Alex Rampell），在一篇文章裡提到，美國消費者平均而言一年消費支出大約四萬美元，但其中大約僅有一千元花在網路購物（也就是我們前頭歸類的狹義電商交易）上。剩下三萬九千元美金的年人均線下消費支出，有很大部分屬於FedEx或UPS這類快遞業者無法遞送的項目。針對這類狹義電商經營模式難以顧及的領域，他提出了一個「線上集客，線下消費」的online to offline想像，簡稱為O2O。

當年這個概念的提出，主要指涉彼時資本市場中最為奪目的「團購」模式。團購模式，概念核心便是透過價格優惠的提供，在團購網站集客；接著，再導引這些已線上付款的顧客，進到實體場景裡去完成消費體驗。經過了幾年時間的發展、演化，我們看到各種團購以外的O2O模式嘗試。這些嘗試，其中不少來自以O2O為核心概念的新創數位雙邊平台，但另外也有不少則發自傳

O2O說法原始出處的文章

統企業面臨數位挑戰時的突圍動機。對於既有企業而言，O2O的想像，很多時候是為了因應消費者線下看妥商品、線上購買這類所謂showrooming行為，或是反過來線上搜尋、線下購買這類所謂webrooming行為這兩類新型態消費行為所衍生出的營運挑戰。

接下來我們將討論的一系列O2O變貌，其中已有不少與原來O2O所指的「從線上帶客到線下」路徑大相逕庭。今天作為一個綜合性概念的O2O模式，其實更貼切地說應該叫做O＋O（線上與線下加成融合）乃至O×O（線上與線下相乘融合）模式。不過，為了符合一般的習慣，我們仍把各種線上線下的融合企圖叫做O2O。

要理解O2O概念的背景，以及實務上運作起來的難處，首先得掌握線上和線下的營運行為，它們在許多面向上具有巨大差異。表7-1簡單地陳述了相關的比較。認知到表7-1所列舉的線上營運與線下營運差異，我們便可將O2O（或更確切地說O＋O）的各項企圖，理解為企業在互聯網時代追隨消費者行為與習慣的改變，嘗試較巧妙地運作數位槓桿，根據企業與行業特性，透過技術端與行銷端的布局，所策動的商業模式變革。而這些商業模式變革的理論本質，則在於結合線上與線下營運的相對優勢，截長補短，提供線上線下無縫接軌的服務，以經營、擴大客群。

表7-1：線下與線上營運的關鍵差異

	線上營運	線下營運
資產屬性	「輕資產」為主	「重資產」為主
成本結構	各項系統開發建置的固定成本占比相對較重	店租、水電、人事成本隨營運點數增減，變動成本占比相對較重
本益特性	收益與成本間的因果關聯性較弱	收益與成本間的因果關聯性較強
地理涵蓋	理論上無遠弗屆	受實體地理條件限制
相對優勢	資訊、長尾、即時性	地點、體驗、即地性

　　根據這樣的邏輯，對於原生於互聯網的企業（如電商、內容網站等）而言，O2O最主要的意義，在於跳脫標準化商品的經營局限，提供顧客攸關、客製而在地化的實體空間內體驗與服務。相對地，互聯網時代裡傳統企業的O2O企圖，戰略上主要針對實體世界優勢無法複製到數位營運空間、實體與虛擬布局左右手互搏等這個時代的現實挑戰。對於這樣的傳統企業，各種O2O嘗試的意義，因此有很大的程度在於：緩解隨時創發的互聯網新興商業模式所可能帶來的破壞性創新挑戰衝擊。

零售業落實 O2O 的基本檢查項目

✓ 跨通路商品價格相同嗎？

✓ 線上線下的「氛圍」一致嗎？

✓ 線上線下的忠誠行為都能受到鼓勵嗎？

✓ 線上能獲取店頭時、地、價等方面攸關的推薦嗎？

✓ 在店頭可以透過手持裝置掌握更多攸關資訊嗎？

✓ 給出的優惠，可以貫通線上線下使用嗎？

✓ 消費者可以於線上自行掌握實體店面有無某件商品嗎？

✓ 可以在實體店面完成網購商品退貨，或網路上完成實體店面退貨嗎？

常見的幾種 O2O 模式

自有營運的線上線下整合模式

不少實體零售連鎖業者，看清數位潮流的不可逆性，近年來紛紛嘗試整合線上與線下的顧客體驗。這方面，尤以美、日大型

業者，在概念與技術等方面的發展相對成熟。

　　舉例而言，美國梅西百貨（Macy's）近年來在運用數位技術方面相當積極。透過名為 Backstage Pass 的實體店面內特殊二維碼展示，顧客可以在手機螢幕上，取得賣場內展售商品的詳細靜態或動態（如短片）資訊。透過虛擬實境技術，梅西設計賣場內遊逛的顧客可以在特定地點攝影，製成實體或虛擬耶誕卡。而線上顧客也可以進入以虛擬實境為核心的 Macy's Magic Fitting Room 進行虛擬試衣。透過藍芽訊號發送器的設置，梅西實體店內的消費者打開裝有 Shopkick 應用程式的手機，就可把手機當作是逛街助手，取得各種店內動態資訊。同時，梅西百貨也廣納包括 Apple Pay 等新式支付機制。

　　如果你有興趣也有時間，不妨上梅西官網逛逛。你會挺驚訝地發現，雖然梅西百貨實體據點主要以北美為主，但是其線上服務的設計概念，是個全球經營、在地訊息客製、顧客無論身處何處隨時隨地可與它直接打交道的概念。整體而言，梅西百貨的 O2O 布局，體現了全面零售或全通路的企圖，針對線上直接銷售、線上引流到線下消費、線下體驗線上提供互補資訊、線下購物線上付款等場景，都進行了布局。

　　日本方面，無印良品和 Uniqlo 這兩個大家都熟悉的品牌，近

梅西百貨的 Backstage Pass 介紹短片

年來也穩健而方向明確地進行 O2O 相關鋪陳。無印良品的數位布
局著重由線上向實體店鋪引流。消費者雖可在其網站上購物（郵
寄或實體店鋪取貨），但多數的無印良品網站會員並不在該網站
直接購物，而是在網站上取得細緻的商品訊息，掌握實體店鋪的
商品庫存等情報，下載可用於實體店鋪的折價券。2013 年日本無
印更推出廣受好評的手機 app：MUJI passport，除涵蓋網站具備的
便利性功能外，也提供到店打卡積分、商品評論積分等會員優惠
機制。

　　至於 Uniqlo，我們可以看看它在中國市場的積極 O2O 作為。
截至 2014 年底，Uniqlo 大中華區有近 400 家門市，並以每年 80 到
100 家的速度持續成長。在這樣快速擴張的動能下，Uniqlo 有著
一套清晰的線上線下整合發展邏輯。線下門市方面，店頭懸掛張
貼的數位化海報（Digital POP）和展示商品的掛吊牌上，多印有
做為通往數位空間的二維碼。Uniqlo 藉此歡迎入店的消費者，在
店內盡情透過手機掌握更多品項資訊。消費者掃描 Digital POP 二
維碼，便被導引到 Uniqlo 官方微信版面，瀏覽當季熱賣產品的推
薦；掃描吊牌條碼，則能看到包括價格、材質、門市庫存乃至商
品詳細介紹影片。此外，在若干門市，試衣間外並透過另外的視
訊設備，進行「搭出色」虛擬試衣活動，讓消費者的試衣經驗透

過微信在朋友圈內分享。Uniqlo 也在天貓開設旗艦店，且所有線上購物流量都導向該單一旗艦店。透過分析線上旗艦店所累積的龐大用戶行為資料，Uniqlo 一方面可有效掌握產品設計與鋪貨的優化方向，另一方面甚至可整理出合適開設新店的區域。

中國的連鎖零售業者間，近來最具野心的 O2O 企圖，則來自全中國最大連鎖零售業者蘇寧。它於 2013 年將原來的「蘇寧電器」改名為「蘇寧雲商」，藉以宣示邁入互聯網時代「店商＋電商」經營型態的決心。於實體店頭廣設 QR code 作為「雲店」入口，並開啟「線上線下同價」的訂價措施；希望透過大規模的虛實整合動作，將一千六百家門店轉變為體驗與服務中心，而以蘇寧易購網店品項與客群的擴大，實現「雲商」構想。

蘇寧的選擇題：等死還是找死？

中國最大連鎖零售商蘇寧電器，面對逐漸成熟的電器零售市場，加上電商日益逼近的挑戰，營收與利潤成長皆趨緩乃至停滯。2013 年 2 月，董事長張近東公告將企業全名更換為「蘇寧雲商集團股份有限公司」。隨後，這個以家電零售起家的企業，全面更換企業識別標誌，並將旗下超過 1,600 家門市的招牌都換成「蘇寧

雲商」，宣示了即將進行大開大闔的企業變革，並啟動巨幅組織結構調整。

根據蘇寧雲商董事長張近東的說法，這家企業將開展的是一種「沃爾瑪＋亞馬遜」的商業模式。他主張所謂「雲商」，是電子商務、門市店鋪商務和零售服務的綜合加成。2013年，在許多場合中，張近東和蘇寧的高階主管，都強調蘇寧所要發展的雲商，重點在於O2O與開放平台這兩條軸線。

雲商概念的進一步落實化企圖，於2013年6月啟動，致力於讓蘇寧門市與蘇寧易購同款同價的創新模式。在發展O2O商業模式的概念下，此一線上線下同價的企圖，其目的在於「商品統一、價格統一、促銷統一、支付統一、服務統一」。原生於實體世界的電商，通常難以迴避線上線下左右手互搏問題，蘇寧則試圖據此從根解決。概念上，未來實體門市成為服務體驗的提供據點以及物流配送點，而電商部門則提供隨時隨地的顧客接觸機會。在這樣無縫接軌的布局下，蘇寧嘗試將電商一般視為包袱的實體門市，轉為高附加價值的服務據點，而門市人員的績效考核則涵蓋鄰近區域的線上銷售成果。

據此，2013年9月，張近東公開宣示蘇寧的「一體兩翼互聯網路線圖」。其中，一體乃以互聯網零售為主體，兩翼則分別為

「O2O全渠道經營」與「線上線下開放平台」。根據此一路線，這家企業將開展的是一種「沃爾瑪＋亞馬遜」的商業模式。他主張所謂「雲商」，是電子商務、門市店鋪商務和零售服務的綜合加成。概念上，傳統實體店未來要成為「雲店」，且未來要「把門店開通到消費者的口袋裡、客廳裡」。

即便雄才大略如張近東，在上述種種動作中，透露出欲將蘇寧形塑為獨一無二雲商的雄心。然而，面對市場競爭現實，蘇寧的變革也經驗到劇烈的轉型之痛。相對於傳統勁敵國美電器面對互聯網所採取的穩紮穩打、持續性拓張實體市場策略，的確於近期創下較佳的營利表現，蘇寧雲商自2013年下半年起，則持續出現近年未見的營收、淨利雙降現象。

一般認為，O2O企圖中的線上線下同價策略，是此一現象的主要成因之一。此外，大幅轉型過程中產生的新增人事等成本，也是個重要原因。針對各方對於蘇寧轉型的質疑，蘇寧雲商副董事長孫為民有一次在北京大學演講，斷然強調：「在等死和找死之間，作為一個企業來講，我說寧可找死也不去等死。因為等死是必然的，找死是自己決定自己的生死，所以即使左右手互博，我們也要做這件事情。」

蘇寧雲商副董事長孫為民
談蘇寧O2O專訪影片

網路原生平台主導串連線下夥伴模式

前述由實體往數位空間完善化的動作，主要可見於美、日等實體營運本已相對成熟、細緻的市場。但在中國，網路原生平台（尤其是合稱BAT的百度、阿里、騰訊三大集團）主導，與線下商家協力的O2O動作，可說是O2O潮流中的要角。

2014年秋天，百度推出了移動平台上企業官方服務帳號的「直達號」服務。一般消費者在移動搜尋過程裡若搜尋「@帳號」（如：「@海底撈」），或於行動版地圖上搜尋商家，即會直接被導入該商家的客製「直達號」主頁。依照百度官方的詮釋，直達號的開通，可為線下商家找到連結客戶需求與服務提供的最短路徑，且後台也為這些開通直達號的商家建構了客戶關係管理系統（CRM）。

阿里集團把2014年定義為「O2O元年」，以「千軍萬碼」為主題。千軍，指的是阿里爭取與所有年營業額超過10億人民幣、門市數超過100家的零售品牌拉入高德地圖，進行O2O結盟；萬碼，則指的是讓二維碼處處成為實體世界通往數位世界的入口。任務指向，是完成「四通八達」的O2O運作。所謂四通，指的是流量打通、會員打通、支付打通、商品打通。所謂八達，則是依

託O2O而實現的八個核心業務場景：線下缺貨時線上成交、線上支付線下成交、線上導流領券線下瀏覽與消費、優惠券線上線下通用、發貨快遞微淘進包、搭配套餐導購員推薦搭配、線上服務全國線下營銷、品牌營銷全線互動。這裡牽涉到「六方」：六方包括商家、平台、店面、導購、商場和協力廠商。

這「六方」裡的店面端，例如中國的百貨零售業，目前正大量倚賴與阿里（如銀泰百貨）或騰訊（如王府井百貨）等互聯網集團平台的合作，試行通過將實體賣場與這些集團的既有線上產品結合，達到O2O導流的效果。

百貨業以外，其他服務業也紛紛實驗性地透過搭BAT的車去觸O2O的網。如海底撈火鍋店就與支付寶合作，實驗透過門市的Wi-Fi路由器設置，進行設置周邊十公尺左右範圍內Wi-Fi與手機MAC址的交叉資料捕捉，另一方面從支付寶後台取得人口統計與交易行為資料，而後進行精確的推薦與折扣優惠推送。

常被與拿來與阿里相提並論的騰訊，近期也積極嘗試以微信作為O2O概念裡線上入口的企圖。2014年秋，騰訊在成都環球中心測試「微信連Wi-Fi」。微信用戶在購物中心內使用微信介面讀取貼在商場櫥窗上的二維碼，就可以連接免費Wi-Fi，無須額外登錄動作。

　　透過微信作爲線上線下的接口，一些品牌商也開始嘗試聚焦於品牌的 O2O 操作。2014 年天貓淘寶雙十一活動進行時，蘭蔻策略上進行一套線上線下協同發展的嘗試。透過搭配包含暢銷品「蘭蔻小黑瓶」在內的一群產品（原價共 2360 元），成套以 1080 元（即 4.5 折）於雙十一銷售。其操作的模式，是消費者在雙十一前取得相關優惠訊息後，主動加入蘭蔻的微信帳號成爲粉絲，即可進行預約，之後依預約到店交易領貨。

　　BAT 之外，中國電商圈的另一大台柱京東，同樣也在阿里所稱的「O2O 元年」裡，嘗試線上線下協力融合的各種可能。2014 年春天，京東倚賴十五個分屬一、二、三線城市裡 12 個連鎖體系的約萬家便利店，開展 O2O 戰略布局，而舉辦過訂單「一小時達」與「O2O 飲料節」裡飲料 15 分鐘送達等活動。透過這些嘗試性質的合作，京東企圖透過線上收單集客，憑藉過去幾年間自建物流投資所累積出的實力，爲便利商店和超市快速配送，再由這些合作店點負責產品遞送的「最後一哩路」。透過基於門市的本地極速配送服務、線上線下整合營銷、線上外部流量導入、服務延伸與品類擴充等變革，進行信息體系和物流體系的轉型，至於中國四、五、六線城市，以及農村地區，京東也展開了「一縣一店」計畫，打算在 2017 年年底前新設兩千家「京東幫服務

店」。規畫中，再以這些服務店點為中心，派出流動宣傳車經營鄉村代購等業務。

此一類型的 O2O，在日本市場又有不同的發展變貌。例如網站流量非常大的 kakaku.com，是一個廣受日本消費者歡迎、涵蓋廣泛的線上比價＋導購網站平台。不同於一般比價或導購網站的是，它所接引媒介的業種極廣，且涵蓋線上與線下的消費。它以相當縝密而完整的資訊，涵蓋一般 B2C 電子商務商所經營的各業，以及如保險、搬家、家戶太陽能發電補助乃至葬儀等非傳統電商涵蓋的，服務為主體的業務。在 kakaku.com 搜尋標準品（如電器、包裝食品等），系統會給出大量的線上或線下零售商，並由低到高排序陳列。搜尋服務，譬如一個欲來台灣旅遊的日本人想在日本就搞定上網方案，則從它的主頁開始，只需點擊兩次，就可以尋到四種不同的台灣 3G 短租方案；選定後點擊便直接線上訂購，再於出發時刻至機場取機。又如葬儀這種平常很難與電商聯想到一塊的服務，網站上選妥詳細服務地點後，即呈現由不同服務項目組合而成的繁簡不一多種選項；從中擇一，則出現建議服務商與各種（郵寄、email、電話等）聯絡的選項。

雅虎日本近期也漸漸將其自身經營的 O2O 圖像具體化。雅虎日本的操作方式，主要透過與線下商家合作，透過提供給消費者

會員點數等誘因，吸引消費者透過線上搜尋與瀏覽建立認知，線下到店，而後支付購買。這類型 O2O 合作的結果，便發生搜尋、到店紀錄、支付等三類數據，可供合作體系成員分析，作為優化營運的指南。在這類型的操作中，積點一事很關鍵地讓線下消費者的身分可以被辨識，並與線上雅虎會員資料彙總串聯，拼湊出相對完整的個別消費者線上線下行為面貌。

　　舉例而言，日本 CCC（Culture Convenience Club 發行）公司原就發行稱作「T 積分」的通用積分，以店頭收銀機作為行銷主據點。2013 年春天，全日本有超過四千萬會員。尤其是二十多歲的年輕人，每三人中幾乎就有兩人是會員。在雅虎的 O2O 服務布局中，有一塊便是與 CCC 共同成立新公司，推展積分業務。2013 年，雅虎日本將其原來提供給會員的積分，全部轉為 T 積分。雅虎日本同時也和 JCB 合作，並推出雅虎日本 JCB 卡，強調實體購物得到購物金額 1% 的積分，雅虎購物得到 2%，通過智慧手機在雅虎得 3%。

本地生活型 O2O 模式

　　網路原生的 O2O，另一種型態是專注於生活相關服務（非購

物或通訊為主）的雙邊平台，一端服務消費者，另一端經營多屬個體戶的專門類別服務從業人員。

這類平台，有專注於美甲類專門服務媒合者，如經營 O2O 美甲平台生意的「河狸家」。2014年底，河狸家在中國的六個城市（北、上、廣、深、成、杭）提供線上下單付款，線下美甲師到府的服務。在風險投資資金挹注下，河狸家不介意每個月燒掉一千萬人民幣營運資金，號稱永遠不向美甲師抽成，更看重長期的衍生服務或商品的盈利機會。單單北京一地，河狸家旗下便有大約五百名美甲師。這些美甲師從既有實體美甲店挖角，河狸家不抽佣，並且還統一配發美甲器具、指甲油物料等生財工具。為了精進美甲師的技藝，河狸家請法國美甲師到中國輔導，也把旗下表現優異的美甲師送往日本培訓。用戶端根據美甲師地理範圍和用戶評價選擇美甲師；美甲師業績的好壞，因此與用戶評價有相當直接的關聯。

另一型本地生活平台，則走綜合性路線。例如「58同城」，提供中國各個城市裡與生活相關的各種資訊，相當到位。隨著近期家政服務、美甲、水電維修等各種生活類型垂直領域 O2O 服務的湧現，58同城也意識到除了資訊方面的連結外，直接讓供給者與需求者透過它進行服務供需連結的必要性，因此推出了以居家

O2O美甲平台
河狸家官網首頁

場景為核心的「58到家」O2O服務。2014年年底，58到家經營包括家庭保潔、看護、料理、上門美甲、車內空氣淨化、搬家、空調維修、開鎖換鎖等服務品類。需求端在線上選擇服務需求，透過標準化的公開價目資訊下單。58到家的平台則依照平台另一端服務人員累積的用戶評價與地理距離派工。在這樣的模式下，為了控制服務品質，58到家建立了一套包括理論說明、實務操作、進階訓練和定期回訓的培訓體系。譬如家戶清潔的「阿姨保潔」服務，58到家請給菲傭進行職前培訓的菲律賓老師來進行，企圖提供出標準而專業化的服務品質。

　　無論是特定領域或綜合性在地生活的O2O，平台除了媒合之外的另一項重要價值，便是確保不同服務提供者都能有接近標準化的服務表現。也就是說，平台提供一種品牌化、專業化、品質均一化的服務（對於服務需求者）與訓練（對於服務提供者）。例如美國西岸發跡、現已拓展到英、德、法等國的Homejoy到家清潔服務為例，清潔服務提供者除了與上述58到家一樣須接受嚴謹訓練外，提供服務時穿著Homejoy制服，並且使用有鮮明Homejoy標誌的全套清潔工具。

到府家事清潔服務Homejoy
對清潔服務提供者的溝通短片

線上導流到店型 O2O 模式

類比世界的傳統智慧指出，零售業經營成功的關鍵在於 Location, Location, Location。數位時代則出現各種新生的企業，嘗試打破地點的限制，透過線上引流，將客源帶往傳統上無法開店的隱僻店點。

譬如中國的「LOHO眼鏡」，便是走此一路線的眼鏡 O2O 電商模式。在網站上透過正品保證與詳細商品資訊集客，去除傳統業內仲介層以壓縮進貨成本；而面對驗光、校對等需求所開設的線下店鋪，因客流導自網路而非過路客，則採非黃金店鋪的「寫字樓」店點策略，壓低店租成本。在商品選擇上，走的是 Zara 的流行品模式；在客群管理上，透過線上客戶行為的分析，採取超過百個著陸頁的細分市場區隔經營，講求適配體驗與細節管理。

又如發源於南京的「糊世刺身」，在偏僻巷弄間經營日式餐飲，瞄準 25 到 35 歲年輕人，透過微博與微信帶入第一批客人，再由口耳相傳拓展客源。透過此一模式經營餐廳，甚至開在公共廁所對面的店點，每個座位每天據稱能接待十個客人。

LOHO 眼鏡官網首頁

社區型 O2O 模式

社區型 O2O，強調在地匯納需求至線上，服務提供者線上取得訊息後，再透過線下管道提供需求的滿足。

美國的 Farmigo.com，是一個強調去仲介化，直接連接在地農場與鄰近消費者的線上平台；它的名稱由 farm、I、go 這三個英文字連接而成，言簡意賅地傳遞平台精神。經營模式的核心概念是生鮮農產品團購，外帶些許直銷色彩。交易過程，由實體內社區內的使用者作為發起人，定期在 Farmigo 平台上發動生鮮農產品的團購，且每次團購至少需募足 20 筆來自同社區的訂單方成立。訂單成立後，由鄰近中小型農場於固定時間，將所訂購的農產品運至社區內固定取貨地點。發起人方面，享受到折扣與抽成等財務方面的誘因。在這樣的機制下，Farmigo 扮演著「食物社區」概念下的供需媒合角色。

中國快遞業指標性企業的順豐，近期嘗試的也是線下到線上再到線下的路子。早幾年，順豐租下社區便利店，改造成社區服務中心。2014 年更嘗試以店內產品平面資訊＋QR code 為主的「嘿客」便利店經營模式，提供體驗、預購、充值、繳費等服務。消費者在店內掃 QR code 進入順豐網店選購，所選商品再由順豐快遞

Farmigo 運作模式介紹短片

至店。顧客在店體驗送到商品後，若不滿意無意購買，不用支付包括運費在內的任何費用。

圖7-1：常見的 O2O 型態

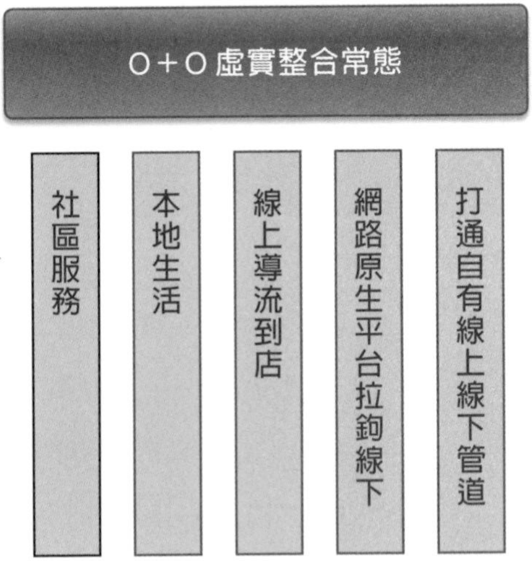

O＋O 虛實整合常態

社區服務

本地生活

線上導流到店

網路原生平台拉鉤線下

打通自有線上線下管道

作為一種數位槓桿的O2O

　　從上面的討論中，我們可以看見所謂O2O，其實有各種可能的型態。O2O可能發生在消費方進行高涉入選擇或低涉入消費的情境；可能解決的是消費方當下就要的滿足，也可能以預約的型態進行需求的滿足；可能由線上導向線下進行交易，也可能反過來透過線下導流至線上；對於服務提供者而言，可能透過自創的線上接口來整合線上線下活動，也可能依託於既有平台；對於以O2O作為商業模式的企業而言，營運上可能主要仰賴數位平台建置與相關數位溝通的「輕資產」配置，但某些型態的操作則也涵蓋了店點、銷售團隊、器具設備等源自類比時代經營的「重資產」投資。凡此種種，都說明了O2O這個詞彙可能指涉的作法相當繁複多元，絕非僅定於一尊。

　　整體而言，O2O可以看成是空軍（數位端）與陸軍（實體端）的聯合作戰。企圖透過概念上是O＋O或OO的布局，經由線上線下無縫接軌，實現全通路經營的理想。而這樣的理想實現，現實上則有賴於線上線下平順的對接、前台流暢的用戶體驗、信用訊息的收關提供、後台標準化的流程、顧客需求可在布局範圍

內適時滿足等關鍵條件的同時到位。

更具體地說，基本上也可以把 O2O 理解成是把非數位化商品轉化為數位化商品的企圖，透過平台接口，以數據串起虛實兩界。這裡所說的「接口」，就是 O2O 字面上的那個「2」。前面提過「數位槓桿」這個概念。在 O2O 情境下，這個慣稱為「2」的接口，就是成功的 O2O 操作所需的數位槓桿。而這個接口所連結的，便包括顧客（人）、支付方式（財）、資訊傳播溝通軸心（資），和應用場景（事）這幾個環節。表7-2 便由前面討論到的 BAT 三家 O2O 布局為例，說明 BAT 各自的 O2O 接口，以及銜接串連的人、財、資、事這四個環節：

表7-2：BAT 的 O2O 接口

	主要接口	人	財	資	事
百度	直達號	資訊搜尋者	百度錢包	廣告系統	線下合作服務商
阿里	支付寶	購物者	支付寶	直通車	線下合作服務商
騰訊	微信	線上社交參與者	微信支付	廣點通	線下合作服務商

　　掌握了這些概念後，就如銷售界一代傳一代的經典 ABC 智慧所指的：always be closing，到手的交易一定要成交。在 O2O 經營上，接口確定了，「人、財、資、事」也都布了局，最後就是「閉環」（也就是 closing）的思考與執行。

　　媒體上一般見到談「閉環」，感覺上似乎只要把某個缺口焊起來即可；但一般 O2O 的布局裡，多數並沒有這麼明顯的單一「缺口」，等著畢其功於一役的「閉環」。有意義的 O2O 經營，面對的通常是不斷需要縫補大大小小明明暗暗缺口的現實。面對這樣的現實，要做好 O2O，還是得回歸到企業的本質在於經營客群這不變的道理上。依循這道理，O2O 終究是個以布局關鍵接口的數位槓桿創發，進行價值創造、溝通與遞送的經營企圖。如果能接受此一必然性，則 O2O 的所謂「閉環」，便是一整套打造理想接口、細致統合串聯「人、財、資、事」各面向，以創造價值、溝通價值、遞送價值的思考與行動。

表7-3：閉環之所在

		人	財	資	事
面向消費端	價值創造	面向分眾需求的價值訴求	付款多元化、簡易化	品牌產生的價值感	差異化的服務體驗
	價值溝通	面向分眾需求的行銷溝通	讓消費者理解並選擇多元付款模式	兼具理性與感性的多接觸點溝通	線上線下一致而明確的訊息溝通
	價值遞送	面向分眾需求的遞送	便捷的付款流程設計	回饋會員累積消費後的優惠	無縫接軌的服務體驗
O2O營運閉環之所在		透過線上線下融合的服務設計，提供較傳統模式更有吸引力的消費情境	線上線下的金流整合	線上線下對於交易紀錄與顧客行為等CRM相關資訊的整合	SoLoMo背景下，線上體驗與地緣性消費經驗的整合

訂餐 O2O 能玩些什麼？

　　這樣的統合性思考，當然以顧客體驗為出發。就 O2O 實務上常需倚賴的雙邊平台而言，所謂的顧客，又分屬某領域服務的供需兩端。以餐廳預訂類的 O2O 平台（如美國的 OpenTable，台灣的 EZTable，中國部分功能類似的大眾點評）為例，這類的雙邊平台以輕資產為主，一方面靠線上前台提供消費端適切資訊以創造良好體驗，另一方面則必須有屬於「走路工」的商家端業務能力。

　　對消費者而言，運用此類平台上網預訂餐廳，當然希望能有相當的好處。這好處，目前主要是價格方面的優惠。另一方面，對於餐廳來說，支付佣金的目的，目前則主要是引流與調節供需。然而，這類平台如果僅能乘載兩端各自的顯性需求，很難打造出一個可長可久的商業模式。長期而言，競爭中的 O2O 平台，需要在顯性的經濟誘因之外提供新的價值給兩端顧客。

　　對於消費端而言，新價值的可能性，籠統來說就是使用者體驗。環繞著餐廳用餐場景，體驗相關的項目如抵達餐廳前的線上點餐、食客特殊飲食與造訪習慣的記錄與照顧、特殊節日（求婚、生日）的客製化服務、餐後交通（尤其是飲酒代駕）的安排等等，都可能是價值創造之所在。至於餐廳商家那一端，圍繞著另一端的顧客體驗，自然就產生顧客管理資訊面的需要。不難看出，這類迄今

大量倚賴走路工經營的O2O平台，進階經營與持續經營的一個重要門檻，是從事數據分析的能力。

接著，我們就來談談數位時代裡的數據活兒（或者大家現在流行說的大數據）。

第八堂課

數據與大數據

大數據說的是實話還是神話？
大數據還原了部分的數位場景，
給出了前所未有的洞見，
然而，消費者的動態，卻是永遠也猜不準的。

　　企業跟「大數據」之間的關係，有人說，很像青少年與性之間的曖昧：大家談得口沫橫飛，實務經驗卻匱乏。然而，因為大家都誤以為別人真的經驗很豐富，輸人不輸陣的同儕壓力下，自己也得宣稱深諳此道。

　　這個比喻基本上傳神，但也不全然準確。因為隨著生理的發展，青少年幾年內進化成青年；關於性，多數就從尷尬的言傳，自然進階到實務積累的階段。然而，今天多數企業看「大數據」，如果只著迷於大眾傳媒加油添醋的神話，或者受系統顧問業以銷售為目的的遊說所牽引，大概很難如願在營運上「轉大人」。

　　還是那句話：看懂，然後知輕重。

由少而多，由慢而快，由簡而繁

　　早年想做些研究，想尋覓些資料，必須到圖書館翻查書目卡片，依照卡片上的索引號到不同書架前找書，翻一翻，決定要不要借，要借之後才在流通櫃檯借出書籍，留下整件事裡唯一的一筆紀錄。

數位時代，同樣一個資訊需求的滿足，無論使用 google、其他搜尋引擎，還是任何電子圖書館，從輸入的關鍵字、檢索過的條目、關注某一資訊來源所花的時間、線上閱讀某本電子書瀏覽過的頁次，都會在資訊服務提供者的伺服器上留下完整的「數位足跡」。除了尋找資料這檔事外，今天我們生活的方方面面，無論是購物、娛樂、通訊，只要是在數位空間裡進行的，同樣都會留下詳實的數位足跡。準此，數位時代的特色，是大量傳統情境中無法被蒐集到的資訊，在數位環境中會被一五一十地記錄下來。

這裡便呈現出傳統與數位時代間的一個天壤之別。在傳統情境下，數據的蒐集常態上是刻意的（譬如你得走到櫃檯借書）、費事的（借書櫃檯的服務人員得花點力氣記錄你借了哪本書）、稀缺的（整個下午的搜尋可能只留下一筆借書紀錄）。相對地，在數位情境裡，所有行為都自然地生成數據。用經濟學的語彙來說，數位情境裡數據蒐集的邊際成本趨於零。

此一背景下，2001 年時任 META Group 研究員的萊尼（Doug Laney），在某次演講中首次指出，各種數位應用情境下，資料常在「巨量」「高速」與「多樣」這些面向上，與傳統意義下的資料截然不同。隨著各領域近年巨型資料集在數量、種類與累積速

度都遠非傳統資料處理能力可及、轉而須倚賴眾多伺服器聯合進行平行運算的趨勢，併購了META Group的Gartner集團，近年沿用萊尼的說法，具體定義「大數據」為：「大量、高速及／或多變的資訊資產。這些資產需要透過新的方式加以處理，以增益決策能力、深化洞察力與輔佐各種最適化企圖」。

在馬雲高揭所謂DT（data technology，數據處理技術）重要性、全球數據資料數量粗估每兩年就成長一倍的今天，一般商業人士提到「大數據」時，其實有兩種指涉。其一，是對有如前所述各種特性的巨量數據型態的描述性統稱。其二，則指涉對於這類數據所進行的分析動作。

針對後者的指涉，報章媒體近年已對於「大數據」應用上可能可以扮演的，包括提升商業預測的準確率、驅動精準行銷、優化電子商務、處理金融徵信、偵測財稅詐欺，乃至調度球隊戰術等角色，有過大量的報導。在這方面，一般認為大數據分析，重點在於從海量數據中發掘知識，強調以全體資料取代抽樣資料，同時處理結構性與非結構性的資料※，著重「是什麼」而不問「為什麼」（也就是重關聯而輕因果）。

※用一種多數人較易理解的方式來說，所謂結構性數據，就是不必花太大的轉化工夫，便可直接輸入試算表以供分析的數據。例如時間、地點（經緯度）、金額、品項等等。至於所謂非結構性數據，則是得花力氣轉化為數字或類別數據，才有辦法輸入試算表進行後續量化分析的數據，例如聲音、圖像、影片等。

數據打哪兒來？

對於原生於數位環境的企業而言，營運過程中自然發生、累積大量數據。在商言商，這些企業關心的便不再是如何蒐集數據，而是如何整理數據、分析數據、「榨取」數據的價值。對於這樣的企業，如 Google、Uber，或淘寶，除了資本之外，真正重要的另一項生產要素，已不是傳統意義下的勞動或土地，而是數據。對於它們，競爭的關鍵常常在於能否有效將數位空間裡大量、快速而多樣的數據，轉化為營運的資源。

另一方面，「傳統」企業呢？想像一下，一個客人花二十分鐘逛一家百貨店，駐足過幾個櫃檯，向銷售人員做了些詢問，最後什麼都沒買，步出大門。這樣一件事，留下什麼數據呢？依照目前的實況，可能只有店頭監控用的閉路電視會留下這名客人的影像。但若他在那二十分鐘裡沒什麼特別的舉動，一般不會有人特別從螢幕上去注意或記錄他，基本上船過水無痕。

絕大多數的傳統企業，面對的是類似的數據貧乏現實。在這樣的情況下，任何「大數據」的夸夸言談，都只是空中樓閣。不說空話和假話，此類企業首先必須想辦法讓實體世界裡發生的各

種顧客行為能夠轉為「數位痕跡」。

什麼樣的行為？什麼樣的痕跡？

佛法裡「色、聲、香、味、觸」這世間「五塵」，迷戀過深，就成了捆死人心的「五欲」；是眾人陷溺之所在，心魔之所在。然而塵世打滾的芸芸眾生，一輩子貪的也多不外這五塵。在數位時代裡，針對這五塵中的每一塵，近年都有各式各樣專門針對的程式、感應器和互聯網相連，以更加透徹地用來造更多的貪嗔癡──或者用商學院的話說：進行更細緻的分析、創造更多元的產品和商業模式。

像是二維碼、手機上的數位相機、亞馬遜的 Firephone 圖像辨識、婚戀網站的圖像作媒等設置、裝備與服務，照顧的是與視覺相關的「色」。蘋果的 Siri 智慧語音服務、Android 系統裡 Google 的辨聲翻譯，原始的數據輸入型態都是「聲」。「香」這件事，難度相對較高些。目前技術上可以透過液相或氣相色譜儀一類複雜的儀器，仿造鼻子的功能；也能透過分子感測器量測某些化合物所釋放的特定氣味，但仍離以一顆晶片就能辨識通用氣味的理想，有很大的一段距離。至於「味」，近來百度推出的百度筷子概念，是代表性的資料讀取嘗試。而人們也透過 RFID、體感遊戲機座、陀螺儀、指紋辨識等裝置，嘗試捕捉「觸」的一

些面向。

如果仔細端詳這些紀錄、分析這世間「五塵」的企圖，一方面都與待會兒我們將討論的「物聯網」概念有關，另一方面不難發現其中大多還是源自數位原生企業的嘗試，因此大多也可以理解成是數位原生企業「由虛入實」的企圖。至於傳統企業，基本上還是得透過前面所討論的各種 SoLoMo 與 O2O 嘗試，自力或與網路原生企業協力地透過「觸電」（接觸電子商務活動），開始捕捉較為大量、即時而多樣的顧客行為數據。

這裡舉三個例子。

在 PRADA 各地的旗艦店裡，展示的每件衣服都別有一個不顯著的 RFID 感應器。顧客每拿起一件 PRADA 服飾進入試衣間，這個試衣行為就透過感應器被記錄，並傳至分析後台。如果試衣的是常客，隔天就可上網進到一個 PRADA 設計的專屬「電子衣櫥」，瀏覽這些試過的衣物，檢視更多的相關資料。若有進一步的購買意向，還可透過這網站留訊給門市店員。除了上述的客製化服務外，透過分析 RFID 所蒐集的試衣紀錄，銷量小毛利高的奢侈品品牌 PRADA 還能找出哪些產品被拿進試衣間的機會多（代表它夠吸睛），但被購買的機率低（代表顧客試了後並不滿意），再去找出原因，進行產品優化。

　　去過迪士尼樂園的遊客，不管造訪的是哪一處迪士尼，多少都有排長龍等待、在園區摸不著方向的經驗。近年迪士尼上架了一款廣受好評的「我的迪士尼體驗」（My Disney Experience）免費app，提供門票管理、即時等候時間消息、即地指引、快速通關、餐廳預先點餐、親友同遊資訊共用等服務。2013年迪士尼並推出以RFID技術為基礎的「我的魔法＋」（MyMagic＋）魔力手環，在園區記錄配戴遊客的行為細節。根據這些機制所累積的數據，迪士尼一方面優化園區的服務設計，另一方面讓第一線（常是進行角色扮演的）服務人員能夠即時客製化他們對於遊客的招呼。一個戴了魔力手環的小朋友和米老鼠握手（RFID這時就傳訊，扮演米老鼠的工作人員便可接收該遊客的一些背景資料），米老鼠也許就能叫出小朋友的名字，甚至（若正好她當天生日）還能向她道聲生日快樂。

　　再來，我們來談Nike近年的作為。先上Nike的網站看看：nikeplus.nike.com. Nike不就是運動鞋嗎？和大數據會有什麼關聯？Nike於2006年與蘋果合作推出Nike＋iPod，在Nike鞋裡安裝感知器，再將感知數據顯現於連線的iPod上，供使用者進行自我追蹤、記錄。從這項創舉開始，這幾年Nike努力進行數位發展，結合各種行動穿戴裝置與精心設計的活動，在「運動」這個主軸

迪士尼的「MyMagic＋」介紹短片

上，建立起它的大數據世界。

透過有如一個隨身健身教練的Nike＋app，使用者可以設定運動目標，記錄自己的各種運動行為細節，與好友線上分享運動狀況並享受好友的即時回饋。對於Nike而言，目前Nike＋平台超過一千萬的會員，每天回傳的GPS地理軌跡資料、個別會員的運動習性資料，乃至加上穿戴裝置後的脈搏血壓等等更細致的生理資料，都是有大數據意義的金礦。

晚近，Nike更將Nike＋平台開放給協力廠商新創事業，設計包括健身課程預定、球賽組織者管理、教練用臨場電子戰術看板、企業健康管理平台、兒童計步器等一系列新服務。當然，除了可以更緊密地進行會員關係管理外，這些動作也意味著Nike可以掌握更加多元豐富的顧客行為數據。

從這三個例子裡，我們看到原生於實體世界的企業，的確仍可能運用數位情境，掌握前所未有的新形態數據。但我們同時也看到，這樣的可能性，一方面有賴理解數位情境後的創意，另一方面需要大規模投資作為「由實入虛」門戶的設置或裝備。

 Nike＋：Maximize Your Game介紹短片

數據分析的威力

　　網站分析顧問公司 Qualaroo 的 CEO Sean Ellis，2010 年提出「成長駭客」（growth hacker）概念。這個概念，連結電腦編程和行銷活動，透過網站瀏覽行為各種數據的分析、登陸頁面優化、內容管理、A／B測試等活動，追求不斷地吸引更多的使用者、引發口碑擴散、經營用戶黏性，以創造更多的獲利機會。因此，它的本質是透過程式化與非程式化的連串分析動作，動態地進行無間斷的使用者經驗優化。

　　不管數據「大」不「大」，這種發源於數位平台，以數據優化成長數據為主軸的輪迴邏輯，是數位環境裡透過數據分析，追求另一種數位槓桿時的基本假設。這樣的假設，配合上 STP 行銷策略架構※，便引導出各種場景下透過數據分析追求效率與效果的可能性。

　　我們這就來看看，這類可能性的異質多元面貌。

※Segmenting, targeting, 與 positioning。行銷策略的基礎動作，是透過收關變數將市場進行「細分切割」，而後針對所欲的一或多個「選定目標市場」，對其中的客群進行「定位」。

從串流音樂服務挖掘選民偏好

移動音樂串流服務Pandora，免費提供隨選音樂至手機或平板電腦上播放。2014年第二季，Pandora的七千六百萬活躍用戶，一共收聽了五十億小時的串流音樂。

這個服務通過用戶自選的音樂，辨識用戶喜歡的音樂風格。透過音樂風格的辨識，加上用戶初登記時註冊的郵遞區號、性別、年紀等人口統計變數，Pandora得以憑藉數據分析，猜測個別用戶的產品偏好乃至政治傾向。透過不斷優化此類猜測，Pandora於串流的音樂間插入配適度較高的廣告，並藉以營利。2014年年底的美國期中選舉裡，Pandora就為400個候選人或議題播送廣告。以競選連任的佛羅里達州共和黨籍州長Rick Scott為例，Pandora針對佛羅里達州的鄉村音樂愛好者，大幅放送Rick Scott的競選廣告。當然，這是因為歷史數據顯示對鄉村音樂的愛好與對共和黨的偏好呈現正相關。這一類的精準行銷動作，當然不是傳統廣播電台有辦法執行的。

靠數據分析提高贏球機率

　　根據美國數據分析公司 Datanami 的說法，職棒大聯盟目前單單一場三小時左右的例行球賽下來，就可以累積 1TB（=1,000,000MB）的數據。單一動作如投手投球，即可蒐集到如手臂揮動速度、角度、球行軌跡等逾二十種的數據。也因為這些數據的即時蒐集與大量分析，改變了球隊攻守的許多戰術面向。例如內野手守備位置，傳統上一般教練不太有臨場調動的習慣；即便到了 2010 年，整個球季下來全聯盟賽事裡顯著的內野防守圈位移（defensive shifts）次數約 2400 次。到了 2013 年，隨著大數據分析的愈發普及，這類 micro-management 的動作就愈加普遍，以至於全年見到 8000 次的防守圈位移調度。

　　數據分析當然不只可以用於棒球調度。在準備 2014 年世界盃比賽開始的過程中，德國國家代表隊透過 SAP 公司所提供的 Match Insights 足球分析系統，分析敵我球員慣性，找出致勝的方程式。這一年，德國隊奪冠。

　　此外，以導航裝置見長的 Garmin，近年來透過如運動導航手錶、自行車踏板功率計等健身相關穿戴式裝置，即時蒐集使用者地理位置與生理感測數據，儲存在其自建雲端平台 Garmin

2014 世足賽冠軍德國隊的
Match Insights 新聞報導

Connect，並給出使用者需要的數據分析。在 SoLoMo 趨勢下，Garmin 並提供數據分享機制，供硬體使用者將地理與生理資訊分享給朋友。

我知道你的閱讀習慣和癖好

　　傳統上，出版商只能藉由銷售數據，判斷內容商品受市場歡迎的程度。Web 2.0 的年代開始後，除了銷售數據，出版商還可透過廣泛分布的消費者線上評論資料，掌握商品被喜愛或嫌惡的原因。而今天，內容商品的線上通路商，則可以更細致地追蹤與分析單一商品被消費時的實貌。不管是電子書籍閱讀平台 Kindle，音樂聆賞平台的 Spotify，影片觀賞平台 Netflix，在消費者使用相關平台軟體進行內容消費時，都可一五一十地記錄下哪些段落被多數人跳過、哪些部分被一再回味。

　　網路租書店 Scribd，便透過分析月租訂戶在成千上萬本書籍裡的瀏覽行為，掌握到一連串有趣但過往難以驗證的事實：（1）消費者閱讀書籍的速度，以情色小說類最快；（2）偵探小說的讀者看到一半直接跳到書尾看結局的比例，和書的長度成正比；（3）借閱瑜伽書籍的讀者，常常只翻覽一、兩章就不再閱讀。

據說春運

　　大數據應用層面的一個特徵，是龐雜資料經過處理後的「可視化」（visualizability）呈現。2014年春節前後，中國央視結合百度地圖和百度搜尋的大數據，於晚間新聞時段推出〈據說春運〉和〈據說春節〉特別單元，以生動的資料影像呈現春運的人流、用數據解析害怕攀比的「恐聚族」如何過年。在中國，這是數據新聞化、新聞數據化的一個重要里程碑。

33，27，37

　　Metail 是個雙邊平台。平台的技術核心是3D影像技術，平台兩端則是一般消費者與服飾品牌。它的用戶初登錄時上傳相片和身高、三圍等資料，由平台創建專屬的3D個人模型MeModel。用戶因此可在平台上虛擬試穿平台另一端各服飾品牌提供的服飾，喜歡就可下單線上購買。除了收取成交的佣金外，MeModel的集合，是傳統成衣業者夢寐以求的數據資料庫；而這些身型數據加上虛擬試穿動作所影射的個別顧客「興趣」，再加上實際成交的交易資料，未來便是服飾業的大數據金庫了。

中國央視將春節交通數據
具象化的〈據說春運〉報導短片

螞蟻雄兵

阿里集團的「螞蟻金融」業務，涵蓋支付（支付寶）、小貸（阿里小貸）、理財（餘額寶、招財寶）、保險（眾安線上）、擔保（商城融資擔保）等多元金融範疇。

而阿里近期籌辦網路銀行，擬運用 B2B、B2C、C2C 電商平台上歷年累積的用戶相關人口統計與瀏覽、交易等行為資料，確立用戶的信用屬性，並藉此提供各種金融服務。所謂信用屬性判斷的基本圖像，舉例而言，如果某淘寶用戶收貨位址多年都在同一處，支付寶上也顯現相關水電開銷的例常支付，再加上去年開始常態於淘寶和天貓購買嬰兒用品，便可推論該用戶可能有固定住宅，且近期家裡剛添了新寶寶。這裡所描述的各種金融企圖，事實上都需要強大的雲端運算與數據分析能力來撐持。

匹配指數

線上人力仲介（招聘）服務是種標準的雙邊平台，一端是求職者，另一端是雇主。傳統上，雇主面對成百上千的應徵者，人資部門在選才上常如大海撈針。最近中國的招聘平台「內聘

網」，在原先扮演的媒合角色上再加了一層文本分析的服務，透過機器初篩、人工優調，從求職者和雇主雙邊的需求文本（如自傳、招聘說明）中提煉出六千個標籤（tag）。透過標籤的標示，原先非結構性的文本變成相對結構化的數據，讓內聘網可以進一步針對每個雇主——應徵者配對可能性生成相對客觀的「匹配指數」。這也讓主要針對互聯網企業人力供需而服務的內聘網，因為平台這層倚賴技術活而生的附加價值，而有了差異化的優勢。

物聯網的美景

前面所討論的種種資料蒐集與分析可能，透過作為貫通虛實的接口平台，基本上聚焦於「人」。當前市場上對於「大數據」的想像，另一個面向則聚焦於「物」。所謂的物，主要談的是物聯網的相關想像。

1990年年代麻省理工學院的愛斯頓（Kevin Ashton）提出「物聯網」（internet of things，IOT）概念。簡單地說，物聯網就是讓設備與設備之間，透過互聯網傳遞訊息，促發設備的偵測、識別、反應、控制等行為，藉以直接或間接創造價值、溝通價值、

遞送價值。就商業意義而言，物聯網常以平台為基礎，以數據分析技術作為核心，以進行價值創造、溝通與遞送。90年代開始被討論，2000年代曾經有一番喧騰的「智慧家庭」（digital home）概念、近來熱鬧的「智慧汽車」或「智慧自行車」，乃至移動定位服務的提供（LBS），都是物聯網的相關應用。

2014年，孫正義在世界互聯網大會上表示，今天每人平均有兩個移動設備；到2020年，每人相關的聯網設備數則將達1000個。這當然是個大膽的預言；但這預言的方向與脈絡，卻是清晰而確定的。

例如百度，近期開發出智慧自行車DuBike，其上安裝有踏頻、踏壓、心率等感測器，以及滿足健康分析、定位導航、依託於騎乘路線的社交網絡等需求的使用介面。依靠轉化騎行動能發電的設計，這些電子設備無須外接電源即可於使用者騎乘時運作。

又如阿里集團，近期透過智慧手機作業系統YunOS，與上海汽車集團合作發展「車聯網」概念。除了「上網的車」這樣樸素的想像外，阿里系生態圈內阿里雲計算、高德導航乃至螞蟻金融裡的貸款、保險等業務，未來都可能成為車聯網的一部分。想像阿里以用戶的車為接口，拓及一系列停車、洗車、修車的車行

IBM對於物聯網的詮釋短片

相關 O2O 服務……想像透過詳細行車紀錄所客製的一張車險保單……想像阿里架構一個憑藉前述用車行為、出險紀錄等數據為估價標準的二手車線上交易。

再如各種零售服務業者，出於自利動機提供給顧客免費使用的 Wi-Fi，即可視為是為物聯網時代奠基的動作。透過 Wi-Fi 建置與相關用戶資料蒐集，零售商不惟建立了 O2O 的接口，而且為用戶隨身各種聯網設備「由實入虛」後的數據分析做好準備。

近期我們看到林林總總的創發、收購與合作，像是 Google 的自動駕駛車開發、Google 對家用恆溫裝置製造商 Nest Labs 的收購、小米與美的集團等，為數位家庭（智能家居）未來而攜手合作，在在都可以「物聯網＋大數據」的想像來解讀。這些案子因著「科技進步」色彩而廣泛被報導，但真正有長遠商業意涵處卻在聚光燈外的後台數據。以無人自動駕駛車為例，媒體有興趣的是不用人去做判斷，車子可以安全地在多變道路上行進的類科幻場景。但是對於如 Google 這樣的開發商而言，開發無人車，代表了傳統上做不到的，物理性移動的完全數位化。對於 Google，無人車因此將是繼電腦、手機之後，下一個關鍵數據乘載平台。透過物聯網，車載數據大者與智慧城市、智慧交通概念相對應，小者則能生發新一波的金融、保險、休閒、購物、通訊商機。

百度的 DuBike 介紹短片

數據分析的限制

據說，亞馬遜的創辦人貝佐斯曾在1990年代創業之初，於一張餐巾紙上勾勒出後來20年間亞馬遜成長茁壯的主要配方：優異的顧客體驗。藉由更大的網站流量，以及更廣的產品項目，提供更好的顧客體驗。這是一個道理清楚、執行複雜的良性循環。而這個良性循環的堅實基礎，就是20年下來亞馬遜累積的大數據能力。這個能力展現在所謂「千人千面」的客製化、個人化網頁以及網頁上的推薦，展現在如Kindle閱讀平台這類（曾經的）事業領域拓展，展現在物流倉儲不多浪費一秒、多走一尺冤枉路的作業優化，更與在亞馬遜生態圈中愈來愈重要的AWS雲端運算服務（每秒鐘可處理150萬次請求）互為因果、互相加持。

但是亞馬遜畢竟不是一家傳統企業，而是原生於自然生發大數據的數位環境裡。相對地，傳統企業談大數據，必須跨過很多道門檻，才有落實的可能。

首先，是數據的蒐集。傳統企業的產品／服務先天無法數據化，圍繞交易前後的自然數據單薄而稀少。如前面迪士尼、Nike等例所示，非數位原生的企業，想走大數據路線，必然無法

迴避對於輔助性設備／設施的大手筆投資。這些設備／設施，是虛實整合的重要接口，也是大數據的輸入端。少了它們，任何數據分析的想像都只是奢談。因此，先不誇「大」，傳統企業想透過數據分析創造新價值，首先迴避不了的是O2O的虛實整合布局。打通了傳統線下與數據接口所在的線上，才可能以合理的成本，常態性地取得關鍵數據，從而透過數據優化營運。

其次，是數據分析的能力。姑且不提「大數據」，就算是傳統意義的企業數據分析，只要是目的上複雜些、型態上要求持續進行的，就很難倚靠任何一種統包方案（turn-key solution）的建置而能畢其功於一役。和某些可外包的資料處理情境截然不同的是，不圖建立、累積、沉澱內部數據分析能量，企業便絕不可能透過數據，長時間地創造與溝通價值給顧客。

再來，是一個相當關鍵的理解：數據分析或者大數據分析的施行，需要顧及人性。舉個實例來說：如果企業組織裡的人事晉用與升遷，都能憑藉大數據分析的結果來進行，似乎是件美事吧。誰有本事發展這樣的人事大數據系統？不意外，是Google。Google向來以招募程序複雜而著名，資深人員也常抱怨花太多時間在協助一關又一關的面試考核上。因此，多年前Google即成立了以數據進行人力資源決策的系統開發專案團隊。等到系統

開發好之後，卻發現 Google 這個強調「讓數據說話」的企業竟然無人買帳，大家仍然執著於曠日廢時的傳統人資管理程序。開發團隊這才理解到，宣稱替代人腦的系統，再怎麼厲害，即便在 Google 這種組織裡還是無法讓那些「被取代」的人買帳。開發團隊因此只好把這產品重定位為人力資源管理方面的決策支援系統。當然，數據分析仍然給出了有意義的洞見；例如名校畢業這一常見的招募條件，就被分析為是一個無關員工長期表現的非必要條件。

最後，是聽多了大數據神話的各業人士，常會覺得很逆耳的一個事實：商業情境裡，再怎麼樣厲害的大數據分析，一碰到真槍實彈的預測情境，都難有傳說中的那麼神。簡單地說，再怎麼厲害的大數據分析，萬變不離其宗地，必然是對於歷史資料的解剖。靠著這類解剖，可以得到許多過去沒能知道的，關於過去變數間關係的「洞見」。但是這類分析商業意義上終極的用處，仍在預測。人們進行數據分析，終究是因為需要靠它來求一個對未來的確定感。

預測要確保精準，有三個必要條件：（1）歷史資料已全面涵蓋所有（或至少絕大部分）影響歷史結果的解釋變數；（2）模型能準確反映前述的解釋變數／受解釋變數間的關係；（3）對於未

來結果的解釋，和對於歷史結果的解釋一模一樣（也就是說：過去怎麼樣，未來就怎麼樣）。

　　愈有經驗的預測專家，越清楚這三項條件湊齊的難度之高，以及任何模型碰到實際預測時必然的左支右絀。

　　2014年夏天，韓寒的《後會無期》上映時，北京一家主打數據預測的「愛夢娛樂」根據首映日票房，預測總票房約4.6億元人民幣。後來這部片子的實際票房結算接近6.3億元人民幣。同年秋天，描述民國時期才女蕭紅的電影《黃金時代》上映前，百度根據它占有數據制高點的大數據分析，做出了這部片由湯唯和馮紹峰領銜主演、於中國黃金週上映的片子，將僅有略高於兩億的票房預測。當時，一般都認為這是很保守的預測。不料，這部片子的票房竟只有五千餘萬人民幣，連製片成本都無法回收。

　　這兩件事，給中國影視界的大數據熱潑了些冷水。但無論何處，著迷於大數據的眾人通常無法接受這個事實：商業環境所在的開放系統中，預測不準是永遠的常態。可能要等系統顧問業若干年後除舊布新，推出另一波新流行概念與詞彙，讓圍繞著「大數據」招牌的造神浪潮退去後，大家才看得清，不管把「大數據」這三個字放大成幾號的字體，神話終究只是神話。

所以呢？

剛剛我們從不同角度，掂了掂數位環境中數據分析和大數據概念的虛實。傳統企業若面對數位變局，圖謀精進數據相關能力，請參考如下的建議：

• 先別好高騖遠奢言「大數據」。組織裡最高領導人得先看懂數據的能與不能，衡量組織特性，如實斟酌組織中數據可能扮演的角色。如果真的認為數據分析在未來的經營上占據核心地位，就該親自督軍，踏實而耐心地投注各種長期性資源，引領符合組織長期目標的數據發展與布局。

• 傳統企業要做好數據分析，便需蹲馬步：循序將組織範疇內既有的各種數據來源，整合到一個讓未來各種分析需求發生時，都可隨時取用的數據庫。這件事外人雖能提供軟硬體建置的基礎服務，但因操作上涉及組織核心機密與複雜頻繁的跨部門溝通協調，外人能幫的其他忙非常有限。多數傳統企業在分析能力上的薄弱，主要就卡在忽視了這沒三、五年光景的聚焦投注成不了事的馬步。蹲這道馬步的正途，是長期培養組織內部的數據分析人才、逐步累積分析能量。

• 慢慢建立一種「讓數據說話、讓人才做判斷」的組織文化。讓組織逐漸養成善用數據而不受役於數據的習慣。

• 馬步蹲穩了，再開始練功：這一堂課已提出諸多釋例、下一堂課裡也會進一步闡述各種數位空間裡合縱連橫與實驗的功夫。在既有內部數據的基礎之上，這方面的各種修練就讓數據量、數據維度與數據分析能力的雪球，在組織領導者的支持與組織新文化的配合下，越滾越大。

• 果真如此，久而久之就自然會嗅到大數據的味道了。但真到那時候，組織內部反而就不太嚷嚷大數據。Google、亞馬遜這類數據經營者，內部溝通是不提甚麼「大數據」的。一旦上手，數據就是數據。有聽說哪家工廠管自己獨特的組裝能耐叫「大生產」、哪家餐廳管自己的獨家料理本事叫「大服務」、哪個很厲害的投手管投手丘上自己的動作叫「大投球」的嗎？

• 不論什麼時候，如果有誰告訴你，商業情境中某些過去無法預測準確的關鍵項目，現在可以靠新的大數據分析而常態性地準確預測，你必須提高警覺：碰上了個走江湖的郎中。

第九堂課

「互聯網＋」：
觸電的
Ｎ＋１種可能

到陌生人家享用美食？

把房子租給冰島人？盲人可以開車？教育不用花錢？

這並非未來世界想像圖，

它已經發生，而且正全面席捲而來。

　　IBM 幾年前提出了一個綜合「感知化」「互聯化」「智慧化」的「智慧星球」圖像。在這個圖像裡，數據是企業的新資源、線上社交是企業的新生產線、雲端是企業的新成長引擎、行動端則是企業的新辦公空間。這本書所討論的各種數位變貌，就是依循著平台、溝通、數據、SoLoMo、O2O 等相互交織的軸線，具體從商業面出發，描畫智慧星球背後的運行邏輯。

　　在這一堂課裡，我們將綜合先前討論過的軸線，進一步檢視數位浪潮中消費端的各種變貌，以及它們所影響到的各行各業。

亙古的需求，創新的需求滿足模式

食

　　民以食為天。對於華人，這句話尤其真切。日常生活中的食事，大家所關心者，不外乎吃得方便、吃得安心、吃得開心這幾碼子事。對於現代老饕而言，數位時代裡尋味求鮮，跑不掉的當然是前頭提過的 AISAS 行為模式；憑藉數位空間裡的資訊搜尋和資訊分享循環，大可更方便、安心、開心地照顧味蕾。

　　即便不是老饕，平常過日子，還是能透過如「空腹熊貓」、中國市場裡的「餓了麼」「美團外賣」等這些水平型外賣平台叫餐，或是如上海地區糕點外送「樓下」這類垂直型平台，飽足特定的口腹之慾。更有甚者，中國還出現了如號稱「不想做飯，請個大廚」的廚師到府服務「愛大廚」一類的O2O新模式。

　　至於吃得安心的需求，這幾年較常見的是透過產品包裝上的二維碼，所提供的線上產品履歷資訊連結。隨著近來接連出現的食安問題，如何讓消費者買得安心，成為食品相關廠商的新課題。台灣休閒食品大廠聯華食品，面對此一挑戰，透過官網上的專頁設置，詳細交代每一批出廠產品的食品履歷。消費者於該網頁點選聯華食品旗下品牌、品牌內詳細的商品名稱、商品包裝上的有效日期，即可看到該批商品的原物料內容細目、各原料生產資訊、各原料品質檢驗結果等資訊。數位環境中，這是值得所有負責任的食品業者參考的基本動作。

　　吃得開心，則可能來自有意思的溝通，或者有意思的用餐情境。前者，如源自台灣的大成食品，2014年從B2B走向B2C，在中國市場成立「姐妹廚房」品牌時所經營的活動。為了強化顧客對於這個新品牌在食品溯源管理方面努力的認知，大成當時推出一款以簡單的HTML5設計，略帶「開心農場」風並走「眾籌」路

聯華食品的產品履歷網頁

線的「土豪承包農場」線上遊戲。在微信遊戲平台上，消費者玩這個需要找四個朋友扮演溯源生產各環節的遊戲；結束後填入眞實地址，便可取得「姐妹廚房」主打商品糖燻雞翅的試用包。此外，參與者還可參加抽獎，抽中到台灣一遊的機會。微信之外，活動也藉由具話題性的微博內容，進行活動引流。整個活動讓原本名不見經傳的「姐妹廚房」品牌，在網路上打開第一波的知名度，並且招募到數以萬計的微信服務號粉絲。

至於透過數位平台創造有意思的用餐情境，例子則多見於西方，並以社交元素爲基調。譬如美國的Grubwithus，媒合興趣相同且身處同城的食客，無論相識與否，很方便地相約在當地餐館裡共食。類似的平台Grouper，則帶有更強的婚配交友色彩。彼此不相識的男性與女性，透過這個平台約好一起吃一頓飯；遊戲規則是各帶兩名同性友人共同赴約，成爲三對三的餐飲約會。這類餐飲社交的基本模式，晚近也出現一些更有意思的變形。例如源於以色列的EatWith和法國創發的VizEat，便採取餐飲社交原則，而聚焦於經營接待外來旅客、讓旅行者於旅遊所在地接待家庭裡用餐的細分市場。以EatWith爲例，有參與意願的在地接待者，於平台註冊表明接待意願後，先接受平台派人家訪調查；平台派人實地到戶確定廚藝與環境後，便將相關資訊公開給另一端的旅

遊者。每次用餐單客支付 25 到 50 元美金，EatWith 抽佣 15%。當
然，靠廚藝交朋友並且賺外快這回事，不限於向外來旅客訴求。
HomeDine 就是一個類似概念的服務，這個線上媒合到戶用餐服務
平台以當地人（而非外來旅客）作為媒合對象。

為善最樂。雖沒法像杜甫「安得廣廈千萬間，大庇天下寒
士俱歡顏」那麼大手筆，但是如果有個機制，能讓家裡品質良
好但一下吃不完的東西，有效率地提供有需要的人尊嚴地即時
得頓溫飽，當然也是美事一樁。德國的 Foodsharing.de 與美國
的 Leftoverswap.com，就是數位空間裡依循這個想法，所建置的剩
餘食物共享雙邊平台。

衣

穿著方面的消費需求滿足，世界各地都有愈來愈大比例的消
費者，透過 B2C 或 C2C 電子商務來完成。此外，C2B 訂製模式，
如美國的 Bonobos.com，台灣的 Corpo 襯衫或青島的紅領西服，也
對於傳統的手工西服與成衣西服業者帶來挑戰。

二手市場方面，同樣看得到與新品市場平行的多種線上營
運模式。譬如美國的 liketwice.com，專營二手女性服飾與配件

美國 ABC 電視台新聞
介紹 EatWith 的報導短片

的B2C銷售，以與新品精品電商一樣細致的畫面，呈現每一件二手品，並保證售出貨物爲正品，買者還可於貨到30天內退換貨。當然，在如eBay或etsy等平台上，也有大量的衣著、配件相關的C2C交易進行著。

在奢侈品方面，不少品牌已從早幾年戒愼恐懼地深怕壞了品牌權益，僅敢嘗試把網路當作另一個行銷溝通管道的自我設限，往「全通路」的方向邁進。譬如Burberry，無論是在其官網或是在天貓平台上，都已提供一部分商品，供消費者直接進行線上購買。中國市場裡作爲雙邊平台的「寺庫」，以及進貨自營模式的「米蘭站」，則是聚焦於奢侈品服飾的垂直電商。

至於穿戴裝置相關的各種嘗試，則更是方興未艾。除了已經上市的眼鏡、手錶等智慧型穿戴商品外，從頭到腳的各種服飾、配件，無一不可能進行有意義的「智慧化」變形。從前頭提到的Nike＋嘗試可以看出來，這類智慧化動作要對於使用者產生眞正的價值，除了裝置聯網之外，重點還在寄託於強大後台數據儲存與分析能力所可能創造出的新服務。

衣，是人的重要外包裝，未來可能是一個重要的大數據戰場。想像Google或者阿里旗下的服裝品牌，透過感測器記錄消費者地理位置、身高、三圍、體重、體溫、步伐狀況、心跳、血

壓，也許還透過一頂潮帽可以測腦波……

住

　　暫時性的住居需求，在分享經濟的年代，近年最常被提及的是 Airbnb 這類的住房分享服務。而網路世界裡更為大眾的相關需求解決，則是 OTA 經營了近二十年的線上訂房。即便是這樣稀鬆平常的業務，還是可以生出不同的操作手法。例如 priceline.com 行之有年的消費者出價、酒店競標；或者晚近出現的，標榜「愈晚愈優惠」的 hotelquickly.com 或 hoteltonight.com。

　　至於永久性的住居需求，則要從購屋談起。這方面，號稱是世界最大住宅開發商的中國萬科集團，2014 年下半年展開了一系列實驗性質的互聯網布局。它與百度合作 V-in 計畫，在萬科的商業地產中引進百度的移動定位系統服務，進行即時訊息推送和商場內導航等前台服務，並藉由數據，在後台的「萬科城市配套服務商平台」上進行演算運用。同時，萬科又與騰訊合作，推出「萬科理財通服務」。在房產正式開賣前，顧客通過微信上的公眾服務號填寫身分資料與意向地產，然後以微信支付至少一萬元訂金。該筆訂金將被凍結最長三個月，期間資金則投入綁定的貨

幣基金；房產正式開賣後，可因這筆訂金而享折扣優惠。若顧客欲提前退訂，則需到該房產展示中心現場辦理贖回。此外，萬科也與搜房網合作，試驗房產眾籌。參與者投資至少一千元，取得標的房產的拍賣資格。當眾籌項目籌得款項達到標的房產市價六成的金額後，即以該金額為底價，由參與者展開競標，最高出價者得標。得標價與底標間的差額，連同參與者原始的投資，都會分配回給參與者。很明顯地，萬科透過這些實驗，一方面試水互聯網，發掘與房產相關的互聯網金融商機；一方面進行面向新生世代的行銷活動；另一方面，則還能透過這些平台活動所蒐集到的潛在顧客意向，進行大數據練兵。

談到住宅本身，從 2000 年前後所謂「數位家庭」的想像，到近年物聯網概念下更加落實的「智慧住宅」概念，也都以網路作為基礎架構。綜合各方面的談論與剛萌芽的一些案例，智慧住宅的「智慧」二字，在聯網基礎上，大致包含了安全（智慧化、多層次保全系統）、福祉（對於大小範圍內溫度、濕度、空氣品質、水、陽光等相關環境感知與調節）、樂活（透過網路提供家居相關的育與樂）、節能、便利等面向。

有人說，房地產是帶動經濟成長的火車頭。果真如此，圍繞著住居一事，除了以上所提到的面向外，數位時代裡還有太多可

以創造新價值的商業可能。底下我們來看一個有趣的例子。

南半球的夏天從十一、二月起；雖然時序相反，但和北半球一樣，夏天日照久而烈的所在，熱起來都很要人命。2013到2014年間的南半球夏天，阿根廷BGH空調結合市政府都市發展單位和Google Map聯手，設計了一個名為「我家是個烤箱」的網站。布宜諾斯艾利斯市民在這個網站上輸入住址，該網站就計算出該址夏天受日照的時數。日照時數愈高的地方，向BGH訂購空調設備就取得愈大的折扣成數。這件事的技術門檻不低──首先牽涉到2D空間裡地址的座落、座向，然後還須顧及3D空間裡的樓高與遮蔽等問題。但透過這樣的活動，BGH取得了布宜諾斯艾利斯有興趣購買冷氣者的詳細資料，也成功進行了一項參與者覺得新鮮有趣的促銷活動。

行

行這件事，一般而言除了由A點到B點的物理性移動外，還牽涉到目的、時間與工具場所。

以工具來畫分，交通工具傳統上便區別為公共與自有。數位時代使用公共交通工具，愈來愈多人習慣透過數位終端訂票、取

介紹阿根廷BGH空調創意的短片

得等候時間的準點資訊。從台北市和北京市的部分公車，到土耳其航空的客機經濟艙裡，提供免費 Wi-Fi 也成為大眾交通工具營運業者的一項貼心服務，甚至是商業競爭中的差異化經營利器。此外，共享經濟裡如 Uber 這樣的平台服務，則是將私有工具在零碎服務時間中公用共享化的鮮明事例。

　　至於自有交通工具這頭，在物聯網概念的推動下，這幾年則看到大量 IT 產業與汽車相關產業的合作，嘗試「智慧汽車」的創發。IT 龍頭 Google 的 Android Auto 與蘋果的 CarPlay，便是它們各自所開發的車載資訊系統核心。透過這樣的系統，它們與車廠開展各種實驗與合作，目的在於讓各自生態系裡的各種平台（如地圖、語音、搜尋、娛樂、社交等）與私人汽車無縫接軌，推動汽車成為智慧手機之外的下一個重要行動載具。

　　與此相關的車聯網概念，迄今也已成各方垂涎的一塊應許之地。例如近期富士康與江西高創保安公司簽訂戰略合作協議，創設開放式車聯網營運中心。又如騰訊聯合四維圖新，推出企圖整合微信與其他騰訊服務的整合式車聯網解決方案「趣駕 WeDrive」。

　　車聯網的後台，其實蘊藏著更多元豐富的大數據商機。當汽車聯網圖像實現、實時車行資料蒐集成真後，巨觀層面如城市裡

Google 無人車的介紹短片

道路交通號誌自動控管、城際公路旅行的最適路線及時建議，微觀層面如緊跟著駕駛行為的車險保單、道路救援、汽車保修，甚至與車行目的高度攸關的實時實地食、住優惠資訊推送，都很自然地將成為下一波新創數位服務的發展方向。

與「行」息息相關，傳統上被納於廣義交通中一環的通訊服務產業，作為各種互聯企圖的基礎，近來也開始從防禦的角度展開互聯網時代的經營布局。譬如為了爭奪支付作為大量O2O活動的接口機會，中國最大移動營運商中國移動，近期推出「荷包」移動支付平台；競爭對手中國電信，除仿效支付寶設立「翼支付」外，還仿餘額寶推出了「添益寶」貨幣市場基金購買服務。在中國特殊的互聯網生態下，這些通訊服務巨頭，也必須透過合縱連橫的方式，避免自身未來的獲利來源受到異業的蠶食鯨吞。

育

談到數位環境裡的「育」，很自然地就會連結到近年東西方所看到的各種線上教育服務。這些線上教育服務，理論上經營的是實體世界中，各級正規教育系統所力有未逮的零碎化時間學習行為；透過無遠弗屆的數位槓桿，提供多元選擇，更彈性地提

供學習的機會。就如其他數位空間裡的行為面向，學習這件事，一旦發生於線上，就連帶會產生出傳統情境裡無法臻及的大數據分析可能性。傳統上，學習的狀況得靠片段的考試才能衡量；然而一旦學習空間搬到線上，各種學習行為都將被詳細記錄。這時候，哪些地方容易出現學習障礙、哪些教法在哪兒讓學生覺得無聊，授課端都能透過分析而掌握、改進。

線上學習目前常被看作是正規教育的補充；公私部門都在進行各類方興未艾的嘗試。公部門方面，譬如英國政府近期便出資，由旨在促進英國創業環境的 Tech City 創立免費線上課程專案，以「數位商業學院」（Digital Business Academy）為名，結合劍橋大學賈吉商學院（Cambridge University Judge Business School）與倫敦大學學院（University College London）等名校的教學能量，提供任何有志於學習數位環境元素、運用數位槓桿的創業家，於線上透過專題項目的系統性學習，掌握數位商業技能。此外，全球各地的傳統大學院校，近年也紛紛嘗試將課程於 Coursera、MOOC 等線上學習平台上開放。

至於私部門的線上學習相關創發，則更是百花齊放。以語言學習為例，2013 年被蘋果選為年度 iPhone app 的 Duolingo（台灣譯為「多鄰國」），作為一個免費語言學習與文字翻譯眾包

的平台，讓全世界的使用者透過遊戲化的技能樹設計，依照自己的節奏與能力，學習多國語言。開發團隊目前甚至嘗試建立 Duolingo 測試成績與 TOEFL 成績的對照機制，讓 Duolingo 上頭的學習得到更正式化的評量與認可機會。

同樣針對語言學習，在台灣，一個新創團隊建構了以 YouTube 為基礎的 VoiceTube 線上英語學習平台。其介面連結 YouTube 上的英語影片，藉由使用者可以畫記、儲存的字幕資料提供，輔助用戶的英語學習。這樣的一個平台，繼續往下開發的自然方向，便是經營字幕文字以外的語音數據：透過將學習者口說英語進行線上錄音，在雲端經過語音辨識分析，提供學習者改善口說英語的腔調與用字。

在中國市場，近年各種教育學習相關的商業機構，更大規模地嘗試線上教育服務。整個市場由傳統的光碟發行、資料下載儲存等上一代模式，轉變為以串流直播為主流的新一代競爭。到了 2014 年年底，無論是英語學習的新東方、環球雅思，還是以專業證照考試為焦點的嗨學網，或者專營高初中補教的猿題庫、初中小學補教的學而思等補教界企業，都進行線上課程直播的收費服務。在各方競爭中，甚至出現了以直播課程的搜尋與推薦為訴求的「選課網」第三方服務。

Duolingo 簡介短片

樂

1990年代，網際網路在各個市場裡快速普及，相當程度地受到線上「色」和「賭」這兩類服務的方便與多元推波助瀾。雖然不被主流社會道德觀乃至法律所承認允許，這些相當人性的「樂」，仍然與時俱進地在線上演化、蔓延著。

不談賭色，進入數位時代，休閒娛樂也出現一片百花齊放爭奇鬥艷的變貌。最簡單的資訊性雙邊平台建置，如台灣的Niceday，便可讓傳統上溝通與搜尋成本都高的休閒細分市場供需兩方，很方便地覓得對方。而影音聲光方面的娛樂，無論是台灣所謂的「數位匯流」，還是中國政策指向的「多屏一雲」，digital convergence概念的落實影響到所有傳媒的布局，牽引出新型態的娛樂商業模式，並且也打破傳統行銷在價值創造與溝通上所面對的地理疆界限制。

從BBC、ESPN到央視，占據二十世紀最後二、三十年重要傳播位置的大眾媒體，在過去十年間紛紛啟動互聯網化的動作，企圖提供觀眾透過任何螢幕（手機、電腦、電視等）的統整收訊體驗。另外，從《Elle》到《經濟學人》，從《蘋果日報》到《南方週末》，各種紙媒也都趕著進行虛實整合的工程。但很明顯地，

這些傳統傳媒總會在過程中受到傳統模式的牽引，轉型動作多比網路原生的YouTube，Netflix等新創媒體來得拘謹些。

在這樣的情境下，我們看到像Net-A-Porter這一類結合傳統時尚雜誌與網購功能的新型態服務，直接在消費者習慣接觸的大小螢幕上攫取注意。另外，透過這些螢幕，傳統交易也能染上一層娛樂成分。例如2014年世足賽期間，中國吉野家透過微信公眾號，辦了一項「冠軍牛肉飯：我要猜球」活動。參與者在介面上選擇心目中的冠軍球隊，就得到可在實體門店使用的各式優惠券。若所選球隊被淘汰，還能再換一隊。參與者無分猜測準確與否，都可得到優惠。因此，這個活動的本質，是透過線上優惠，結合顧客當時對世足的關注興趣，一方面聯絡既有微信粉絲感情，另一方面吸收新粉絲。以上兩個例子，其一是直接於網路上創發的新零售模式，另一則是藉由網路所舉辦的行銷溝通活動；它們都在一定程度上結合了零售與娛樂，都屬於「娛樂化零售」的嘗試。

而就行銷溝通而言，數位行銷溝通槓桿，當然也作用在這裡所討論的娛樂環節上。譬如2014~15年球季，在台灣瀏覽NBA官網與湖人隊（林書豪所在球隊）官網，螢幕上開始出現針對台灣市場的產品廣告。同一時間，隨著中國視頻網站（如PPS、優酷

Net-A-Porter網站首頁

土豆、愛奇藝等）的廣告可針對節目內容型態或地理區投放的發展，近來台灣的使用者，也已可見包含婦女、美妝、信用卡等針對台灣消費者的產品，以繁體中文方式，在這些視頻網站上播放。

2014年央視春晚節目上，則見新浪微博與央視的二維碼合作活動。春晚期間觀眾掃描電視螢幕上的二維碼，進入新浪微博特別規畫的春晚專區，一方面可與參與春晚節目的演藝人員互動，另一方面則可參加由廣告商所贊助的各種「讓紅包飛」抽獎。整個活動吸引了3447萬名微博用戶參與，相關發文4541萬條。發文中被轉發最多（43萬）次的，是南韓明星李敏鎬的拜年微博。

小城生活的數位想像

1998年冬天，詩人陳黎採集彼時家鄉街市招牌上的櫛比名號，拼貼成一首有意思的詩。這詩為90年代的花蓮市，早年一個「嫻靜如少女的小城」，留下一頁時光切片。詩名〈小城〉，全詩如下：

遠東百貨公司

阿美麻糬

肯德基炸雞

惠比須餅鋪

凹凸情趣用品店

百事可電腦

收驚

震旦通訊

液香扁食店

真耶穌教會

長春藤素食

固特異輪胎

專業檳榔

中國鐵衛黨

人人動物醫院

美體小鋪

四季咖啡

郵局

大元葬儀社

紅蓮霧理容院
富士快速沖印

詩中一連串招牌背後，明顯展示著小城裡常民生活各方面需求的「解決方案」。這些需求，無論是在太平洋濱的那座小城裡、在歐美任何一個大都會、在中國一二三四五六線城市，還是在印度的鄉野間，任何時候都透過不同的形態，或多或少地被滿足著。

我們就借用這頁切片作為樣本，來看看詩中所見的各行各業，除了前面已經探討的食衣住行育樂等方面的變貌外，在數位時代裡還可能出現什麼樣的多元經營型態與作法。

百貨零售

百貨零售業，近期在全球各市場中都出現成長遲滯乃至衰退的現象。對於這一行而言，在電子商務經營者所帶來的強大壓力下，「全零售」與「全通路」等概念已非選項，而是為了生存，不得不朝之前進的方向。這方面，美國梅西百貨的各項虛實整合的布局，可說是表率。日本方面，多數的連鎖百貨體系官網目前

也都同時擔負起B2C電商，以及與顧客數位溝通的功能，並透過以實體店鋪的消費顧客為核心指向的多功能app發行，往O2O的目標邁進。另外，如AEON購物中心，2012年起以AEONSquare網站，統整O2O導流、B2C電子商務、金融服務等項目。在中國市場，則見到如Costco在天貓國際上開旗艦店這一類全通路企圖的變形化操作。

在2014年年末的購物高峰期，亞馬遜有近六成交易來自行動端。這樣的數據，對於實體百貨業者而言，無疑說明了在可預見的未來，快速布局移動化經營的絕對必要性。

此外，包括沃爾瑪、Target、梅西等大型傳統零售商，在無法如亞馬遜般全力建置專門服務電商的配送中心狀況下，紛紛開始嘗試以實體店鋪負擔局部的發貨功能。在這些店鋪中，服務人員一方面執行傳統的客服與導購任務，另一方面則需同時進行網購訂單的處理。沃爾瑪甚至將少數實體業績不佳的門市，直接改為全職的配送中心。

而除了通路意義上的管理外，百貨業當然也意識到數位溝通的重要性。英國連鎖百貨公司John Lewis，近年來每年十一月初，線下（電視）與線上（YouTube等視頻網站）同時發布一檔吸睛的耶誕節廣告。2013年以「灰熊與兔」為主題的卡通型態廣告，在

耶誕前創造了在YouTube上超過千萬次的下載數。2014年的廣告,以一個小男孩和一隻名叫Monty的企鵝為主題,西方文化中的聖誕精神為意涵,播出36小時內即創造逾五百萬次的YouTube下載;到了年底,YouTube點閱數已超過兩千萬次。同年John Lewis百貨並在官網以每隻95英鎊的價格,線上販售Monty絨毛玩偶,一推出,就被訂購一空。透過這樣每年一次的精細行銷溝通操作,John Lewis已經讓耶誕廣告,變成英國民眾期待的年度儀式。而數以千萬次計的線上廣告點閱,更是數位溝通槓桿的體現。

咖啡店

20世紀末陳黎詩成時的花蓮,猶是座沒有 7-Eleven、FamilyMart這類連鎖便利超商的小城。詩裡的四季咖啡,那時是小城文人聚留的處所。今天的花蓮,不見四季咖啡館,轉而有兩家星巴克。

幾個世紀以來全球各地型態各殊的咖啡店,除了功能性的咖啡因滿足外,都承擔著更重要的休閒與社交功能。目前全球店點超過兩萬家的星巴克,面對數位潮流,重新詮釋咖啡店的休閒與社交傳統。2010年起,北美星巴克開啟「星巴克數位網路」服

英國John Lewis百貨
2014年的耶誕節廣告

務，讓顧客透過免費 Wi-Fi，享受免費的線上報章內容、運動賽事轉播、電子書籍與音樂下載。2012 年，星巴克開始設置「數位長」（Chief Digital Officer，CDO）一職，統轄星巴克卡、網頁、行動內容、社交媒體、電子商務、在店線上體驗等等數位行銷管道的管理。創辦人舒爾茲認為，星巴克的品牌意義不在咖啡本身，而在體驗。傳統上，這個體驗由商品與店內氛圍所構築，而數位時代裡星巴克所提供的種種新服務，無非是將星巴克體驗向度更加多維化、豐富化的企圖。

當然，除了星巴克式好整以暇的體驗外，有些時候，消費者需要的只是方便地買到一杯咖啡。2014 年，京東啓動與各地便利店合作的 O2O 模式時，便揭示了「想喝咖啡，京東下單，好鄰居就給送上樓」這樣的線上線下接力、即時零碎化物流的圖像。當然，這圖像目前還僅僅是一個頗具話題性的想像。

汽車服務

詩裡的固特異輪胎，除了各地的經銷商和合作汽車修理行外，符應 SoLoMo 趨勢，現在也推出了名爲「固特異道路救援指南」的 app 給車主，內容包括一指即撥緊急救援電話、簡易維修保

「有壹手」汽車快修服務官網首頁

養說明、所在位置鄰近警察單位、救援單位、輪胎行、加油站資訊、互動遊戲等。

O2O 潮流下，相關的汽車修理服務業務，當然也出現了若干新創事業。創於北京的汽車快修服務「有壹手」，專營較不涉及原廠供應問題，且一套機具設備與材料可服務所有車種的鈑噴服務。透過網站下單、連鎖店點服務的型態經營，「有壹手」在北京的店點都開在五環之外，但店內強調服務的透明化，將鈑噴區分為底材處理、噴塗、拋光和鈑金等四個工序，進行標準化處理。服務方面，這個新創事業店點內的每個車位，都設有監控設備，供車主透過網路掌握鈑噴工時進度。此外，它並提出「價格不低於當地同品牌4S店價格30%以上」「施工品質及工藝低於當地賓士寶馬4S店」「交車時間晚於當地同品牌4S店或閘店接車時的承諾時間」等「貴就賠、差就賠、遲就賠」服務訴求。

美容相關事業

O2O 狂潮席捲中國的 2014 年，無論是美容、美髮還是美甲，都各自出現一群雙邊平台，一頭為服務需求者，另一頭則是理論上從美容店、美髮店、美甲店的層層抽成中被解放出來的手藝人[※]。

[※]美容相關如「美麗加」，美髮相關如「波波網」「時尚貓」，美甲則如前頭提過的「河狸家」。

葬儀

前面曾提及日本kakaku.com，作為一個水平的比價與O2O門戶，其中包含殯葬方面的垂直服務，提供用戶透過地理區的選取，了解透明的流程與項目計價訊息，並結合了詳細禮儀資訊的提供。透過這樣的設計，一方面讓用戶在治喪開始時，便可從容地針對需求掌握喪禮規畫，另一方面也實際替合作的殯葬業者提供了寶貴的引流服務。

近來，在殯葬行業基本上宛如黑市的中國，也開始出現以O2O的思考切入，強調流程標準化、計費透明化的殯葬電商；例如強調「讓所有人都死得起」的新創事業「彼岸」。

商業行為之外，生死之間，傳統所謂陰陽兩隔，在數位時代也有透過另類O2O布置，讓後人更體切追憶先人的可能。近來最常見的，是透過墓碑或骨灰罈上的二維碼，讓弔祭者瞻仰亡者生前種種留在數位空間裡的文字、聲音、影像。

宗教

2013年3月獲選為第266任教宗的義大利裔阿根廷籍教宗方濟

「彼岸」首頁

各，是全球宗教界迄今在數位空間裡最有影響力的人物。透過九種語言的twitter帳戶，他有逾一千四百萬名粉絲。教宗方濟各常透過twitter，發布聖經箴言和祝福話語；在他的西班牙文帳戶裡，每則推文平均被轉寄超過10000次，英語帳戶每則推文平均也被轉寄約6400次。有趣的是，他也曾多次公開指出，人生的時間由上帝恩賜，不應該浪費太多在滑手機上網這類事情上。

東方宗教方面，「隔空參拜」這個日本網站是個有趣的例子。這是個較從觀光的角度出發，供人線上體驗參拜（所謂的「隔空參拜」）京都清水寺、符見稻荷大社、地主神社等三處不同宗教場所的網站。如果點入其中的清水寺，首先會被要求做站立─蹲下─站立─蹲下這樣的動作15到20次。為什麼？因為這樣所耗費的體力，網站上說，和現實中拾級登上清水寺所需費的力氣相仿。

至於中國，從各方面看來都具代表性的河南少林寺，自2001年便開始透過官網對外溝通。初時，僅由武僧負責，後來愈做愈專業，2010年並且還開通英文版網站。隨著時代演變，今天的少林寺辦公區域，已完成全域Wi-Fi覆蓋，且僧人都配有智慧手機。在將少林文化從根基的歷史遺產、藥局、禪修中心，逐漸擴大發展到功夫、醫學、禮儀等範疇的企圖下，少林寺近年積

日本「隔空參拜」（air-sampai.jp）網站首頁

極進行與時俱進的對外溝通。它2012年開通微博，2014年開通微信，並且招聘「文字功底紮實，兼具英文溝通經驗，有新媒體實戰、組織、運營經驗」的「媒體總監」。條件方面，男女皆可，無須出家吃素。

政治

和中國的春晚一樣，超級盃美式足球冠軍賽的電視廣告是美國市場的指標性時段，一檔30秒的電視廣告要價達400萬美元。近年來，無論有無在這個盛事中花巨資進行電視廣告的品牌商，都不約而同地在賽事進行期間，透過Twitter等社交媒體，進行即時行銷活動。

2014年的超級盃冠軍賽事期間，Twitter統計平台上有約兩千五百萬條與比賽相關的推文被寄發。有趣的是，這些推文中轉發數最多（超過五萬次）的，是美國前國務卿希拉蕊·克林頓一條帶著美式幽默、球賽與政治雙關的推文。當然，美國乃至全球，網路影響力最大者迄今還是歐巴馬。他的Twitter跟隨者超過五千萬人。

少林寺官方微博

圖9-1:希拉蕊的推文

Hillary Clinton ✔
@HillaryClinton

👤 關注

It's so much more fun to watch FOX when it's someone else being blitzed & sacked! #SuperBowl

↩ 🔁 ★ ⋯

轉推   收藏
55,296   42,023

下午5:44 - 2014年2月2日

※希拉蕊當時因所負責的連串外交處置失當而受到媒體質疑,讓她在推特上自嘲:看到別人被慘電猛攻,超級盃實在有趣太多!

互聯網金融

　　除了網路原生的各種服務外,金融業因其營業面的高度數據化特質,理應是最容易融入互聯網思維的行業。然而即便進入 21 世紀已久,世界各地的「傳統」金融業者,大多難以忘懷 19 世紀《倫敦銀行家指南》一類書描繪的倫敦金融區倫巴底街場景。古老銀行家雪茄、香檳、紅毯的優雅想像,和觸網、觸電這類毛頭小子的事之間實在頗有扞格。也因此,迄今的互聯網金融現實,幾乎所有的創發力量都來自互聯網;而阻擋創發的力量,則多源自古典意義上的金融業※。

※此事的歷史意涵,請參照第一堂開頭處,對於「歷史的必然」與「歷史的偶然」的相關辯證。

　　無論如何，金融首重信用。基於信用，衍生出支付、投資、融資等基本金融業務。互聯網金融，目前則泛指傳統或網路原生企業，藉由線上平台涉足金融、保險、理財等類型產品的開發、銷售與管理。

　　就歷史發展而言，一個市場裡的互聯網金融活動通常始於交易相關的支付這件事。在美國，隨著以eBay為代表的C2C電子商務興起，90年代末開始出現讓用戶透過電子郵件帳號移轉資金的PayPal。既然是一個可以儲值、支付的線上平台，那麼平台用戶自然便有將儲值金額活化運用以收益的需求。PayPal於是在1999年推出貨幣市場基金商品，規模最大時曾到達十億美金。但後來因金融海嘯發生，基金規模巨幅縮小，PayPal遂於2011年結束該業務。

　　在中國，阿里集團為了支援2003年所創的淘寶業務，而於2004年創支付寶。從支付寶開始，阿里集團近期逐步開展一系列金融平台。本質上，電商金融平台可粗分成有協力金融機構，而平台扮演產品仲介角色（如餘額寶）；與不倚賴協力金融機構而推出自有產品（如阿里小貸）兩種。兩者的本質，都在於掌握電商平台上產生、累積的巨量數據，以量化模型分析信用風險。

　　支付寶成立10年後，阿里集團已建立起完整的互聯網金融生

表9-1：螞蟻金服的業務組成

業務區分	性質	規模
支付寶	支付為主的平台	實名使用者逾3億
支付寶錢包	移動支付平台	活躍用戶逾2億
餘額寶	支付寶衍生的理財平台	用戶逾1億，資產規模逾5000億
招財寶	投資理財開放平台	
螞蟻小貸	針對微型企業的小額貸款服務	逾70萬借貸戶，金額累計逾2000億
網路銀行	無實體分行的網路銀行	籌設中

※本表所列出的，是2014年年底的數據。

態體系，於2014年以螞蟻金融服務集團之名，轄支付寶、支付寶錢包、餘額寶、招財寶、螞蟻小貸及正在籌組的網路銀行等六大業務。

螞蟻金服藉由開放平台的方式，對合作夥伴開放雲端運算、大數據和市場交易等服務。既然名為螞蟻，這方面的服務顧名思義，是以消費者與小微企業為目標客群。

　　至於 B2B 方面，阿里集團則與中行、招行、建行、平安、郵儲、上海、興業等7家銀行合作，於 2014 年推出名為「網商貸高級版」的無抵押品貸款方案。在這個服務中，阿里巴巴透過第一手累積的顧客外貿數額，以及如海關統計等二手資料，給出企業信用評價，提供給參與此方案的合作銀行進行貸放。最高授信為一千萬元，利率則不高於8%。

　　阿里如此，競爭的其他電商當然在金融方面的經營也一樣積極。以京東為例，在「京東金融」事業群底下，經營著理財、眾籌、保險、信用貸款等消金業務。按照創辦人劉強東的說法，京東金融的邏輯，在於以零售創造使用者與圍繞著使用者的資料；透過使用者與相關數據，金融業務就水到渠成。依著這樣的邏輯，近期他曾預估，十年後京東將有70%的淨利潤來自金融業務。

　　除了上述電商經營綜合性消金業務的事例，網路去中介化的特性，加上銀行體系融資管道的狹隘，也讓如線上 P2P 平台借貸一類的新生互聯網金融模式興盛於中國。據統計，2014 年底全中國有 1540 個 P2P 線上借貸平台正在運行；雖然背景五花八門，這些平台當年卻也共同創造出 2500 億元的借貸交易額。其中，有大型銀行支持者，如招商銀行的小企業 E 家、國家開發銀行的開鑫貸和金開貸、民生銀行旗下民生電商的民生易貸等；有 A 股上市企業

京東金融網站首頁

投資者,如黃河金融、鵬金所、銀湖網、隆隆網、騰邦創投等;
也有背景出奇如火鍋店者,如北京東直門簋街上籮籮酸湯魚火鍋
所推出的「籮籮財富」。

傳統行庫的因應

面對互聯網金融所帶來的壓力,傳統行庫自不能坐以待斃。
這時,反倒見到一連串老大哥向小弟小妹「致敬」的動作。舉例
而言,跟隨著網路小貸平台以「快」見長的流行,中國建設銀行
近期推出包括「快e貸」「融e貸」與「質押貸」的「快貸」產品
系列。其中,普通客戶線上填寫申請表,不須提供額外材料,也不
須到實體行點,幾分鐘內便完成線上申請、審批、簽約和支用等流
程。貸款者在9個頁面之內,透過「快e貸」,可貸最低1000元,
最高5萬元。貸款利率一般為年化7.2%。

但是受到既有營運模式的牽絆,傳統行庫在「模仿」或「適
應」互聯網金融的過程中,仍不免因模式衝突而有些窘迫、尷尬。
例如招商銀行,2014年夏天仿效餘額寶,推出「朝朝盈」貨幣市場
基金商品,商品收益與餘額寶一類的同質產品相仿。但可能因為與
低利率的活期存款業務相衝突,招銀僅在智慧手機銀行上非常低調
地承做它,連官網都不見相關訊息。

究其實，「互聯網金融」和我們於第二堂課裡曾討論的「Bank 3.0」，分屬於同樣的數位潮流下，詮釋金融業變貌的兩種角度。前者，聚焦於產業端，以各類型平台為主要討論對象。後者，聚焦於消費端，主要關照 SoLoMo 環境中的消費金融相關行為。兩者其實是數位環境中，新金融現實一體的兩面。圖9-1簡單綜合兩方面的重點。

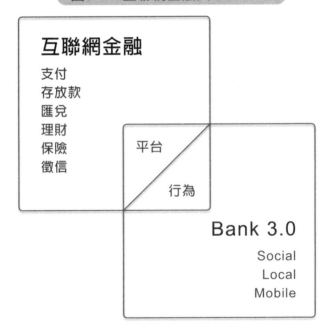

圖9-1：互聯網金融與Bank 3.0

「互聯網+」

2015年3月，中國兩會（人民代表大會與政治協商會議）期間，中國國務院總理李克強在官方工作報告中高揭「互聯網+」概念，作為下一階段中國經濟發展的重要戰略。

「互聯網+」，其實正就是我們這堂課的主旨，也恰恰是這本書想幫助各業人士看懂的大局。用這樣的語法，我們談的種種數位可能，便關係到：「互聯網+食」「互聯網+衣」「互聯網+住」「互聯網+行」「互聯網+育」「互聯網+樂」「互聯網+汽車」「互聯網+宗教」「互聯網+政治」「互聯網+葬儀」「互聯網+金融」……

第十堂課
看懂，
然後知輕重

台灣的數位空洞，究其實，

是「看不見、看不起、看不懂、跟不上」數位發展大局，

缺乏對於未來局面的想像，

導致另一型的競爭力危機。

　　這本書從「變」的必然性談起，沿路我們看了互聯網這個大局的背景，探了在它上頭商業行為所倚賴的平台是怎樣一回事，理了理數位溝通的不同門路，貼近端詳 SoLoMo，重新檢視電子商務的範疇和特性，多方討論了 O2O 這檔事，檢視了大數據概念的實與虛，也遊逛了接枝於互聯網土壤的各行各業變貌。現在，是該收尾的時候了。

舉重若輕的數位槓桿作用

　　書裡曾幾次出現「數位槓桿」這個詞彙。它其實是互聯網思維，連結商業應用以創發價值的核心概念所在[※]。能否具體掌握、有效操作數位槓桿，更將是現實市場競爭的成敗關鍵。

　　所謂的槓桿，依照維基百科目前的條目敘述，是這樣的一件事：「在力學裡，典型的槓桿是置放連結在一個支撐點上的硬棒，這硬棒可以繞著支撐點旋轉。……某些槓桿能夠將輸入力放大，給出較大的輸出力，這功能能稱為『槓桿作用』。槓桿的機械利益是輸出力與輸入力的比率。」據此歸納本書迄今的相關討論，數位槓桿則指涉商業環境中，企業透過適當的數位布局，達

※用這個詞彙的中英文各自 google，發現除 sales talks 外，似乎還沒有誰比較系統性地詮釋這個非常重要、總結互聯網思維商業應用潛能的核心概念。那麼，我們就用書中已探討過的各方面，於此將「數位槓桿」這個概念好好梳理一番。

到長期間較低投入、較高報償的槓桿作用。這類槓桿作用，可能的來源如下。

成本結構決定的營運彈性槓桿

　　就簡單的經濟概念來說，數位環境裡經營顧客群所產生的邊際成本，因為固定成本比例較高、變動成本比例較低的關係，通常只要達到一定規模後，就會顯著地小於實體環境下經營客群的邊際成本。在雲端儲存與運算成本相當低廉的情況下，數位經營在營運上因此享有高度的擴張彈性（highly scalable）。

　　想像一下，網路上賣出一張機票，和旅行社臨櫃賣出一張同價的機票，兩者成本上的差異。再想像一下，旺季時同時數萬人要買機票，這時若透過網路端售票僅需暫時性調整後台（常常是短期承租第三方雲端服務的）雲端容量、計算能力與頻寬；但若透過實體通路，就很難立刻消化大量需求。這些都是營運面的數位槓桿作用。

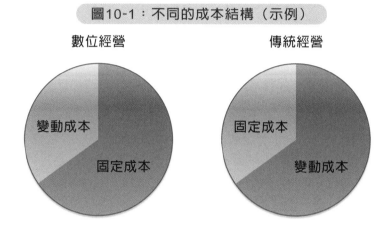

圖10-1：不同的成本結構（示例）

數位經營　　　　　　　　　傳統經營

變動成本　　　　　　　　　固定成本

固定成本　　　　　　　　　變動成本

線上線下統合的槓桿

　　關於O2O，我們在第七堂課已仔細的討論。雖然形態萬千，但O2O這個概念發展至今，理想上指望著的，不外乎透過一個提供各種附加價值的雙邊數位平台建置，讓前頭提到的營運面數位槓桿作用可能性，實際發生在實體世界的服務項目中。本書一再提到的例子，如Uber、Airbnb、河狸家等等，都是這樣以平台為基礎、O2O為概念、信任為黏著劑所經營起來的事業。這樣

的事業，一旦模式操作純熟，平台對於分屬兩端的兩群顧客（如
Uber的司機群與乘客群），無論是營運面或者是溝通面，自然可
以期望在客群經營上發生槓桿作用。

突破地理範疇的槓桿

2014年年底、2015年年初時，中國掀起一陣「跨境電商」
的風潮，各大電商平台終於紛紛涉入這個領域。說實在的，以電
商經營行家自居的這些平台，因為各種因素或限制，這時才想到
數位經營上突破地理限制的槓桿作用，算是很後知後覺的了。美
國梅西、Nordstorm、J. C. Penny這些原生於實體環境的百貨零售
業，早早便認知到這個面向，與第三方物流建妥合作關係後，將
它們的線上購物網站「全球化」。圖10-2只是個例子。

圖10-2：從台灣連入 Nordstorm.com 後所見

行銷溝通的槓桿

在第四堂課中，我們建議現代經理人，拋卻一招半式贏天下或者近年常見的買粉絲迷思，如實認清各種溝通工具的用處與限制。第五堂課，則詳細剖析數位行銷溝通的 SoLoMo 新局。綜合這

些討論，數位行銷溝通的槓桿作用，通常發生在付費媒體或自媒體上呈現出的溝通方式與訊息內容，與目標客群有切身關聯時。這時候，AISAS 資訊行為作用的結果，便可能發生一傳十、十傳百的「賺得媒體效果」，創造真正的槓桿作用。

　　先前提過的英國 John Lewis 百貨耶誕廣告，2014 年版在YouTube上架兩個月後，便創造了超過兩千兩百萬次的點擊觀看次數。如果是傳統以CPM模式（每千次計費）的電視廣告，要達到這樣的觀看次數，必須付出接近天文數字的媒體購買費用；但透過線上傳播，媒體購買費用為0。這就是數位行銷溝通槓桿作用的鮮明示範。當然，這槓桿的支點，叫做創意。

數據分析的槓桿

　　前面討論的幾種數位槓桿，支點在於成本結構、策略布局、創意等方面。但數位環境中的另一種槓桿作用，倚賴的支點是數據分析的能耐，而其「機械利益」則可能更大於前面討論的那些。在第八堂課裡，我們看到數位環境讓顧客相關數據源源不絕而出（因此 O2O 的另一個目的，是將數據匱乏的實體端引入數位圈裡，讓數據自然產生），所以才鋪陳出「大數據」的自然基

礎。如果觸網、觸電的企業，有決心花個五年、十年的時間，老老實實建置分析團隊，踏實培養從數據中「看」出潛藏需求的組織能耐，那麼這企業便較有可能成為「破壞性創新」的源頭，而非這類創新的受害者。

亞馬遜就是循著這條路，老老實實地經營、壯大自己的數位槓桿。

不一樣的經營假設

看懂數位槓桿後，接下來便是思考如何運用各種數位槓桿於企業經營了。此時最關鍵者，在於理解若想優游於數位環境，則必須轉換一套與傳統非常不同的經營假設。

重新定義之必要

如果企業領導人一輩子只能讀一篇經營管理相關的文章，或許該考慮1960年哈佛大學教授李維特（Theodore Levitt）刊登於《哈佛商業評論》，爾後曾數度重刊的〈行銷短視症〉

（Marketing Myopia）一文。這篇文章從經濟史的角度，提示企業自我定義這件事的重要性。自我定義一有閃失，企業斷無可能永續經營。面對數位浪潮的衝擊，原生於實體世界的「傳統」企業，更應找出一個可長、可久、接地氣同時也接電氣的自我定義。

什麼意思呢？舉兩個數位原生企業為例。其一，是眾所皆知的 Google，自始它標明涉足的生意，在於：「整合全球範圍的資訊，使人人皆可存取並從中受益」。從這句話出發，它創建了搜尋引擎、智慧手機平台、智慧眼鏡、無人車；多平台發展下，Google 所圈出的生態圈，總還是不離「資訊」「整合」「受益」這幾件事。其二，是串流音樂服務 Spotify。近期它的創辦人艾克（Daniel Ek）宣告自己看懂了局，想通了，因此明示：Spotify 經營的不是「音樂」，而是數位環境裡的每一個「片刻」（not in the music space──we're in the moment space）。

接受失敗之必要

數位競爭場域裡的風險概念，與傳統商業情境大相逕庭。這裡最大的差別，是傳統上一樁投資案，經營者被要求「不能

「輸」，投資方意識上也「輸不起」。相對地，數位競爭場域裡，失敗是可被接受的必然，「成功」才是偶然。失敗對於數位經營者而言，是勳章般寶貴的資歷；對於投資者而言，是偶然成功投資案所從出的必然分母。這也就是為什麼傳統銀行不可能大量投資互聯網事業，而互聯網相關產業須倚賴看得懂數位競爭風險的創投基金挹注的原因。

如果無法接受這種與過去截然不同的風險架構，行事上養成「早早失敗、快快學習」的習慣，則無論資源如何豐沛，都很難到位地觸電、觸網。

忘卻標竿之必要

人性的一個恆常面向，是追尋「確定感」——不管感覺背後的那檔事長久而言是否真的實在。因此，商業圈裡，「標竿學習」叫全世界管理者透過趨近「標竿」，獲得些「照那種方式做，比較可能成功」的確定感。

前互聯網的商業世界裡，學標竿的確是省事的好事。但在每件事都第一次發生、舊經驗無法理解新現實、一代新人迅速替換舊人的數位環境中，太執著於學習數位環境裡一時表現亮眼的

「標竿」企業，基本上是件傻事。第一，學到的永遠是快速前進中別人的昨天。第二，學到的通常只是皮毛程度的說法，而非（等一下會提到的）薛西佛斯推石般甘苦己知的作法。第三，最重要的是，變動不居的局裡，永遠沒人知道現在的「標竿」，兩、三年後還是不是夠格。

所以，本書裡所舉的任何事例，也不盡然是顛撲不破的典範。這些例子自有它們的歷史意義，當然有獨到可供參考處，但也都已是昨日事。端詳它們，重點是幫我們看清楚當下是個什麼樣的局面、別人已走了多遠。至於明天，當然屬於看懂現實後，今天實際開展行動者。你拿到這本書時，或許有些例子中提到的新創做法已經更改或消失、事業已經解散──那就再度印證了數位環境無常的常態。

永遠 beta 之必要

新產品開發過程裡，所謂的 beta 版本，象徵著還在試、還待優化、還沒定版的開發階段里程碑。但在數位經營諸環節，無論是廣告投放、訊息拿捏、商品定價、用戶介面等等，都永遠不可能有「定版」的一天。這就是所謂的「永遠 beta」。希臘神話中薛

西佛斯推巨石上山，石頭卻永遠再自山頂滾下，於是必須再度費力推石上山，不斷反覆循環，無所終結。「永遠beta」，有點這樣的味道。

要操持任何一種型態的數位槓桿，因此都必須具備這種不斷實驗、試誤、比評、優化的「永遠beta」心理準備。只有能清楚認識這一點的領導者，才可能帶領企業，著實建立數位經營所需的迭代思維、實驗精神與容錯文化。

大膽選擇之必要

東京的 Lumine 購物中心，要求進駐店家禁止顧客拿出手機在店內攝影，以免顧客上網比價，只把店頭當試衣間。相對地，PARCO 則與日本大型服飾網站 ZOZOTOWN 合作，這個實驗鼓勵顧客在店內盡情使用手機拍照。實驗一方面旨在讓店頭降低showrooming損失、方便交叉銷售，另一方面提供給逛街顧客客製化與社會化的穿搭指南的app（ZOZOTOWN Wear）。

兩種截然不同的作法，孰是孰非還要等久一點以後，才能由較長期累積出的營業數據判別；但至少兩家企業都果斷地對於手機在店裡的使用這件事，做出了必要的選擇。自我定義清楚後，

就該面對數位挑戰做出選擇。因為市場永遠是異質的，所以不同的策略選擇，理應都能吸引到或大或小的客群。但若瞻前顧後，謹守「中庸之道」，那便注定犯定位的大忌，進退失據，而終將徒勞。

ZOZOTOWN Wear展示短片

否定昨日的自己，造就今日的客群

美國有一家名叫GolfLogix的小公司。早年公司藉由一個個球場造訪、測量、描繪，研發出以GPS為基礎，簡便易用的高爾夫球場內測距裝備。這家公司原先以球場為對象，走B2B路線，提供整套設備與相對應的手持裝置，再由球場將手持裝置租給打球的球友。2002年時，公司考慮要不要開發B2C業務，直接面向打高爾夫球球友，開發一組定價300元美金的個人用球場測距儀。

經過一番斟酌，決策層決定暫時採取穩紮穩打的方式，固守B2B業務。過了幾年，隨著個人用GPS設備的普及，這家公司終於踩入B2C，推出個人用的球場測距儀（產品介紹詳二維碼標註GolfLogix 1所引向的短片）。

又過了幾年，隨著智慧手機的普及，GolfLogix 面臨一個殘酷的考驗：智慧手機都有 GPS 功能，市場上見到高爾夫相關 apps，內建有類似 GolfLogix 個人用測距儀功能。這時，決策層做了件以後見之明看來相當英明的決定，壯士斷腕地停止灌注資源於 GolfLogix 個人用測距儀，改而在 Google Play 和 Apple app Storeg 上推出免費版與升級付費版的 app（產品介紹詳二維碼標註 GolfLogix 2 所引向的短片。尤其請注意八秒鐘處把傳統測距儀丟到背後的宣示性動作）。

現在，這款 GolfLogix 的 app 已被全世界各地球友下載逾三百萬次，穩居 Google Play 和 Apple app Storeg 上同類產品的冠軍。這家企業早一點認知到不革自己的命，就會被別人革掉命；適時捨棄昨日的金牛，換得今日的生存。

GolfLogix 1：
GolfLogix 個人用高爾夫球測距儀簡介短片

GolfLogix 2：
GolfLogix 取代個人用高爾夫球測距儀的 app 簡介短片

GolfLogix 官網首頁

順勢出格之必要

古今的商業環境中，互聯網時代算是一個相對「公平」的時代。所謂公平，指的是無論在傳統線下情境中累積多少資本、經營如何綿密的政商關係，一旦「觸網」，就得接受互聯網顛覆傳統的經營邏輯。這時候，脫穎而出的關鍵常是「順勢」和「出格」這兩件事。順勢，當然就是大家都懂的、雷軍早些時候說的找風口這碼子事。但是大家一窩蜂，風口很快就堵塞了，這時還得「出格」才可能真飛得起來。

所謂出格，就是商學院裡頭常說的「差異化」。如果放眼的是一個大市場（而不是鎖定在像台灣這樣一個中小規模的市場），那麼每一波數位浪潮上，都有無數出格的可能。臉書，在社交浪潮中，從聚焦於哈佛開始而出格。「餓了麼」（ele.me）外賣，在中國的O2O風潮中，同樣出格發跡自大學校園。百度，身為BAT一角，在互聯網金融領域落後了些，近期試圖出格聚焦於教育貸款以追趕。「走著旅行」（www.zouzhe.com），則在中國旅遊行業裡，試圖出格聚焦於「目的地＋包車」這樣的市場細分。

互聯網商業文明有趣但也殘酷之處是，無論你是誰，在所欲經營的局裡若無法順勢並且出格，就很難在那局中搏出一片天。

這樣的考驗不僅折磨著傳統企業，也一視同仁地適用於網路原生者。君不見在交易、支付領域裡呼風喚雨的阿里集團，不管淘寶有幾個億又幾個億的用戶，且又花力氣折騰了好幾年，仍啄磨不出一個引得來、留得住用戶的線上社交平台。其原因很簡單：阿里系統生不出一個出格的社交應用。

合縱連橫之必要

在平台競爭、數字生態圈跑馬圈地的一片喧囂中，無論再有通天的數字槓桿本領，沒有任何一家企業可以完全依靠己力，在變幻莫測的局面中自成一局。即便老大如 IBM，近期也密集與傳統上被認為是它競爭對手的蘋果、SAP、微軟等廠商，開展一系列的合作。與蘋果的合作，包括將 IBM 行動安全解決方案（MaaS360 等）安裝至 iOS 裝置上、聯手推出如 Plan Flight 協助飛行員進行飛行決策的應用程式等。又如與 SAP 的合作，則落實在雲端基礎架構的服務戰略夥伴關係上，協同幫助企業在 IBM 企業級混合雲端平台中取得 SAP 企業雲服務。

合縱連橫的另一個可能，就與資本有密切關係。以全球範圍的 OTA 為例，李嘉誠所大手筆投資的 Priceline，近年在全球不同地

理市場分別整合了Booking.com和Agoda，並且提高對於攜程的投資占比。它的對手Expedia，則除了是藝龍與酷訊的最大股東外，2001年收購了Hotels.com，2015年初並且收購了長年的競爭對手Travelocity。

BAT等巨擘，透過入股、併購或戰略合作，各自合縱連橫線上原生與實體原生的各業，在棋盤上搶著落子。

無論異業同業，這些企業之所以動作不斷，求的是綜效、是動能，也是速度。

周星馳的電影《功夫》裡，說到天下武功，四字訣是：「唯快不破」。近來雷軍也常愛以這四字訣，談論小米之道。要快，在數位的局裡，靠的常不是自己一手搞定，而是跨界合作的能力。每一回異業間的合作，便有造出一回合新局的可能性。寫這本書的時候，隨便瀏覽新聞，就見Spotify一方面要與Volvo，另一方面要與Uber合作；小米要與騰訊合作推廣；百度地圖與停車百事通合作O2O；富士康要與阿里合作打造「雲上貴州」……等。

例子是舉不完的。不如反過來問：有哪兩家異業不應合作試試新模式、找找創發數位槓桿的新機會？

在多變快遷的數位時代，這問題的答案，反倒是不太好找的。

台灣的「數位空洞」

在以互聯網為基底的這一波新商業文明裡，新舊企業的營運、募資、行銷、客服、研發、人資等各個方面，數位環境都讓企業經營多添了一個維度。依託於平台概念、利用數位溝通槓桿、抓住SoLoMo關鍵結點、織O2O的網、作大數據的夢，橫跨線上與線下的各種新商業模式必然會不斷湧現。希望讀者看完本書，對於有哪些浪潮上的說法只是夸夸之談、又有哪些隱隱若現的趨勢終會是遲早避不開的現實，可以更踏實些地做出自己的判斷。

巨觀地看，歐美日韓這些數位發達國家，五花八門不斷創新的數位應用發展，相對而言多是企業切實掌握數位變貌後，憑藉厚積的能量，持續嘗試納數位可能性於合理化經營的過程中，自然發展而成。至於本書著墨甚多的中國市場，因為特殊的歷史發展，長時間壓抑了實體服務、零售各業細緻發展的可能。改革開放後不到一個世代，卻義無反顧地跳蛙到互聯網的高速軌道上。上世紀末萌芽的互聯網種子，如今在這個魔幻寫實的大市場裡到處開花結果。雖然很多地方還有巫術的痕跡，網路上並且活生生立了道「長城」阻攔中外互連，但就商言商，中國的互聯網發展

與蓄積的相關能量，早已非昔日吳下阿蒙。

台灣呢？大致上仍安逸地睡著。

台灣獨特的逆常識性、政治正確掛帥的立法氛圍，以及遲緩無法成事的公部門，當然是數位相關發展水波不揚的原因之一※，但卻絕對不是唯一的原因，甚且不會是主要原因。不受政府管制綁縛的領域，其實也多還睡著。

不信？我們從各種數位可能性中最基本的網站這回事，一葉知秋地來看看台灣的狀況：

去美、日等國旅行，總逛過些百貨公司吧。請先到那些百貨公司所設的網站造訪一番，再進到台灣同類型的大型百貨公司或購物中心官網。非常清楚地，你將看到兩邊雖然都叫做網站，但實在不屬於同一個級數。各自網站背後經理人的思考邏輯，很明顯地也不屬於同一個年代。

說大數據很重要吧，B2C 電商先天就與大數據有直接的關係，應該很在乎這回事吧。從上世紀末開始，消費者線上產品評價已是國外電商網站的必有設計。而今日，電商所累積的大量消費者線上產品評價，更是大數據分析的珍貴礦藏。但瀏覽台灣排名前幾名的自營型態電商購物網站（而非線上開店平台），多數卻看不到任何的線上產品評價機制。

※前者如相關規範令人瞠目結舌的《個資保護法》，後者如理應相當單純的第三方支付合理化規範這件事。

　　實體環境裡標榜服務品質，數位空間裡高談用戶體驗的台灣金融機構，到它們的網站去逛逛，便會發現，還有許多銀行，到今天它們的網銀服務，仍十多年如一日地強制要求顧客使用市場上已非主流的 IE 瀏覽器，並且透過 747 飛航手冊般的說明頁，要求用戶下載一連串的元件、憑證，然後再一層一層調整網路設定……用戶必須通過這樣嚴酷的「考試」，確定所有操作動作配合上軟硬體都滿分而無一失，才能進入號稱以客為尊的網銀，執行些再簡單不過的動作。

　　除了以上這些顯而易見但幾乎無人質疑的現象外，第一堂課裡開頭便提到的雜誌社例子，也真實發生於 2014 年的台灣。一群媒體老手，還真沒意識到天早變了，癥結性的問題早已是刀劍要不要換成槍砲，而不應再汲汲琢磨比較刀劍的材質、做工、造型這類的細瑣。

　　了解台灣企業實況的讀者，如果一路刷了書裡補充的 QR codes，著實跳出書頁看了些隨附的事例，則應該能體會：台灣市場在事例相關各環節的眼界、創意、能力與操作能量，在在都與歐美乃至中日韓等國有一些距離。

　　台灣既有各業對於數位機會與挑戰的相對無感，是普遍的現象。當然，台灣有地小人稠的時空環境，也已有既成的實體方

便服務，讓許多數位創發，短時間內似乎不大有市場價值。但是企業如果當真想永續經營，怎能不抓住先機，而坐待機會變成危機？現在不積累面向數位時代所需的各種能耐，外敵叩門時，又該如何應付？

私見是，台灣過去的產業發展軌跡，讓多數企業主習慣看短不看長，沒耐心去從容累積三、五年內看不到什麼成效的基本功。本書所談的許多觀念，作為名詞，大家都聽過，甚至常談。一旦要落實，企業總還是習慣找標竿、邀大師開釋、而後覓各種「統包方案」。但是，書裡各處談及的數位時代競爭元素，以及相對應的數位槓桿可能性，都是未來商業核心競爭力之所在，萬不可能找得到有效的「統包方案」。

「產業空洞化」這回事，台灣社會已聽聞了有二十年之久。而這裡作為本書的結尾所關注的，則是「數位空洞」——也就是許多商業環節上「看不見、看不起、看不懂、跟不上」數位發展、槓桿應用大局，所可能導致的另一型競爭力危機。企業領航者或許沒把全局看懂，導致大家嘴上都說說套話，但缺乏能撐起未來局面的想像，以及容許、灌沃各種想像的環境。

創過人人網、飯否網、美團網這幾個在中國市場裡指標性網站的執行長王興，近來的一段話，恰可借來道出台灣目前「數位

空洞」的危險性。他說：「無論你從事什麼行業，如果你一旦認為你的行業跟互聯網沒有什麼關係，再過一、兩年這個行業就跟你沒關係了。不管你進入餐飲、電影、KTV還是生產製造、第一產業……一定會跟互聯網有各種各樣的關係，這種關係愈來愈緊密，愈來愈頻繁，愈來愈徹底。」

或許話中提到的「一、兩年」誇張了點，但這段話所指涉的迫切現實，即將看完這本書的你，也許多少心有戚戚焉。

下一站：想像

正本清源之道？

還是這本書裡反覆的這句老話：看懂，然後知輕重。

事情看懂了，問題就解決了一半。另外一半，就我們這兒所討論的各種數位新局而言，自然便是企業各自檢視內外資源，在數位時代的新經營假設下，發揮想像力進行各種修練、重組、連結與實驗的工作。

希望這本書，對於企業界人士看懂大局，能有那麼一點點的些微幫助。至於「看懂」之後的下一步——對新布局的想像，私

以為各有造化，真看懂了，自然便有起身而行的迫切感，旁人也就無需再越俎代庖地瞎擔心了。

Eurasian Publishing Group
圓神出版事業機構
用心與你對談，視野無限寬廣

先覺出版社
Prophet Press

http://www.booklife.com.tw

reader@mail.eurasian.com.tw

商戰系列 134

看懂，然後知輕重：「互聯網＋」的10堂必修課

作　　者／黃俊堯
發 行 人／簡志忠
出 版 者／先覺出版股份有限公司
地　　址／台北市南京東路四段50號6樓之1
電　　話／（02）2579-6600・2579-8800・2570-3939
傳　　真／（02）2579-0338・2577-3220・2570-3636
郵撥帳號／ 19268298　先覺出版股份有限公司
總 編 輯／陳秋月
主　　編／莊淑涵
責任編輯／莊淑涵
美術編輯／林雅錚
行銷企畫／吳幸芳・張鳳儀
專案企畫／賴真真
印務統籌／劉鳳剛・高榮祥
監　　印／高榮祥
校　　對／許訓彰
排　　版／杜易蓉
經 銷 商／叩應股份有限公司
法律顧問／圓神出版事業機構法律顧問　蕭雄淋律師
印　　刷／祥峯印刷廠
2015年5月　初版
2017年2月　7刷

＊第227～229頁〈小城〉，感謝詩人陳黎授權使用。

定價300元　　　　　　ISBN 978-986-134-251-1

在數位浪潮的推波助瀾下，一代一代的歷史偶然彼此替代，讓商業模
式的「保鮮期」愈來愈短了。在許多產業裡，要活下去，就得看懂大
局、辨明趨勢，而後不拖泥帶水地適應、變形，甚至轉型。

——《看懂，然後知輕重》

◆ **很喜歡這本書，很想要分享**

圓神書活網線上提供團購優惠，
或洽讀者服務部 02-2579-6600。

◆ **美好生活的提案家，期待為您服務**

圓神書活網 www.Booklife.com.tw
非會員歡迎體驗優惠，會員獨享累計福利！

國家圖書館出版品預行編目資料

看懂，然後知輕重：「互聯網＋」的10堂必修課／黃俊堯 著.
-- 初版 -- 臺北市：先覺，2015.05
272面；14.8×20.8公分 --（商戰系列；134）

　　ISBN 978-986-134-251-1（平裝）

　　1.電子商務　2.企業經營
490.29　　　　　　　　　　　　　　　　　　104004394